U0151192

葡萄酒

你想知道的那些事儿

[英]简·帕金森————著

刘 鑫————译

中国纺织出版社有限公司

图书在版编目（CIP）数据

葡萄酒：你想知道的那些事儿 /（英）简·帕金森著；刘鑫译. -- 北京：中国纺织出版社有限公司，2022. 9

ISBN 978-7-5180-9411-0

Ⅰ. ①葡… Ⅱ. ①简… ②刘… Ⅲ. ①葡萄酒–基本知识 Ⅳ. ①TS262. 61

中国版本图书馆CIP数据核字（2022）第043444号

原文书名：WINE: EVERYTHING YOU EVER WANTED TO KNOW ABOUT RED, WHITE, ROSE & FIZZ
原作者名：Jane Parkinson
Text copyright © Jane Parkinson 2014, 2017, 2019
Design and commissioned photographs copyright © Ryland Peters & Small 2014, 2017, 2019
First published in the United Kingdom in 2019 under the title Wine: Everything you ever wanted to know about Red, White, Rose & Fizz by Ryland Peters & Small, 20-21 Jockey's Fields, London WC1R 4BW
All rights reserved.
本书中文简体版经 RYLAND PETERS & SMALL LIMITED 授权，由中国纺织出版社有限公司独家出版发行。
本书内容未经出版者书面许可，不得以任何方式或任何手段复制、转载或刊登。
著作权合同登记号：图字：01-2022-2203

责任编辑：范红梅　　责任校对：楼旭红　　责任印制：王艳丽

中国纺织出版社有限公司出版发行
地址：北京市朝阳区百子湾东里 A407 号楼　邮政编码：100124
销售电话：010—67004422　传真：010—87155801
http://www.c-textilep.com
中国纺织出版社天猫旗舰店
官方微博 http://weibo.com/2119887771
北京华联印刷有限公司　各地新华书店经销
2022 年 9 月第 1 版第 1 次印刷
开本：880×1230　1/32　印张：6.5
字数：147 千字　定价：58.00 元

凡购本书，如有缺页、倒页、脱页，由本社图书营销中心调换

目录 ▪ 【 CONTENTS 】

引言

想喝葡萄酒但不知如何选择？这本书将告诉你如何选择一款适合你的葡萄酒。当客户向我咨询葡萄酒的选择技巧时，我会非常高兴，这也是我工作中最有成就感的时刻之一。在本书中，我介绍了我个人最喜欢的葡萄酒、现在最流行的葡萄酒以及极具性价比的葡萄酒，希望能帮助大家找到适合自己的葡萄酒，对于那些对葡萄酒非常好奇或者喜欢尝试不同类型葡萄酒的消费者来说，这本书也是很好的参考指南。考虑到大家对葡萄酒的了解程度不同，我会尽量使用简单易懂的语言来讨论这些葡萄酒相关的话题。所以书中很少出现晦涩难懂的专业词汇，少有的几处我也在后面做出了相应的解释。

在过去的几十年里，我们选购葡萄酒以及侍酒、饮酒和配餐的方式发生了巨大的变化，这可能是因为我们面对的选择越来越多了。我在书中介绍了一些有特色的葡萄品种，你可能知道也可能没有听过，但不用担心，我会详细地介绍它们的产地、口感，以及产生这些口感的原因（比如，它可能是跟其他葡萄酒混合酿造而成的）。当然，我也会在书中介绍一些优秀的葡萄酒生产商，因为经常有消费者向我咨询相关的建议。

在关于酒吧的章节里，我详细地介绍了侍酒相关的内容，如流行的酒杯、时尚的酒具以及合适的侍酒温度。这些话题对部分人来说可能有点老生常谈，但它们对葡萄酒的口感具有很大的影响。所以，如果你想要"真正"地品尝出一款葡萄酒的风味，一定要仔细阅读这个章节。

你会发现这本书里有各种有趣的话题，这些话题经常会碰到，但似乎一直没有标准答案。比如，为什么红葡萄酒冰镇后口感更佳？有机葡萄酒、生物动力法葡萄酒和自然酒之间有什么区别？希望在这本书里面，你能找到答案。

无论你对葡萄酒了解多少，如果你想要继续探寻葡萄酒的世界，那么这本书都能够帮助到你，更深入地了解我们身边正在发生的关于葡萄酒的人和事以及其发展前景。

希望杯中的美酒能够给你带来欢乐！

葡萄酒世界的两大阵营 【 SETTING THE WINE SCENE 】

了解瓶中酒的葡萄品种后，你会完全改变对这款葡萄酒的印象和饮用方式。很久以前，可能在你我都还没出生的时候，像夏布利、波尔多、桑塞尔、里奥哈、基安蒂这些以产区命名的葡萄酒就已经耳熟能详了。直到二三十年前，南半球和北美洲的人们打破了这个规则。他们精心酿造葡萄酒，并勇敢而自信地把葡萄酒品种的名字写到了酒瓶正面的标签上。这次葡萄酒标签命名的改变也同时开启了葡萄酒鉴赏的闸门。葡萄酒成为简单、愉悦而令人期待的饮品。这也将葡萄酒世界分成了两大阵营：旧世界和新世界。现在，以霞多丽、赤霞珠、梅洛、长相思、丹魄以及桑娇维塞等葡萄品种命名的葡萄酒也像曾经产区命名的葡萄酒一样受欢迎，而那些知名的产区仍然是以种植这些品种为主。

【 旧世界葡萄酒国家 】

面对来自新世界酿酒师的竞争压力，旧世界葡萄酒国家也在不断提高产品竞争力，这对于我们消费者来说是一件好事。这些国家独特的风土孕育出当地独具特色而优质的葡萄品种，再结合不断提升的工艺和酿造技术，葡萄酒市场上出现了越来越多的欧洲佳酿。后面的章节我会详细介绍欧洲经典红葡萄酒（参见76~81页）、意大利白葡萄酒（参见134~137页）以及西班牙白葡萄酒（参见138~143页）。

法国

汝拉是一个小而美的葡萄酒产区，被誉为白葡萄酒的殿堂，主要选用当地的霞多丽和萨瓦涅葡萄酿造，具有坚果、海盐的风味，独特而迷人。汝拉产区不仅白葡萄酒的品质非常高，当地也种植黑皮诺、特卢梭、普萨等红葡萄品种，出产轻盈爽脆的红葡萄酒。

意大利

从皮埃蒙特到弗留利的意大利北部产区盛产白葡萄酒，酒庄选用当地特有的葡萄品种——花香四溢的阿内斯葡萄、多汁的弗留利葡萄以及果香馥郁的丽波拉葡萄，酿造出美味而清爽的白葡萄酒。意大利南部以前大量生产散装酒，现在也发生了改变。由本土品种酿造的颜色浓郁而辛辣的精品红葡萄酒正在兴起，比如坎帕尼亚的艾格尼科，颜色深、香气浓郁；普利亚的黑曼罗，具有肉的味道；西西里的马斯卡斯奈莱，具有明显的胡椒味。

西班牙

美味的阿尔巴里诺白葡萄酒适合搭配海鲜，卢埃达产区的弗得乔和瓦尔德奥拉斯产区的格德约白葡萄酒果香新鲜、口感爽脆，还有现代风格的里奥哈白葡萄酒，减少了橡木风味的影响。在西班牙的西北部，一种叫门西亚的当地葡萄品种在比埃尔索产区种植已久，它具有典型的黑色水果和香辛料的风味，与西班牙另外一种叫莫纳斯特雷尔的葡萄品种相似。如果你对里奥哈的红葡萄酒情有独钟，这两个品种酿造的葡萄酒都是不错的选择。

葡萄牙

葡萄牙的绿酒既有清新爽脆的风格，又有浓郁鲜美的风格。洛雷罗葡萄品种具有芬芳的花香，阿尔巴利诺口感丰富，这两个品种都非常值得一饮。杜罗河产区是酿造白葡萄酒的殿堂，葡萄酒主要用当地特有的葡萄品种酿造，具有清新的柑橘香气，精致爽口。提到杜罗河产区，不得不提到当地最有名的加强型葡萄酒——波特，但是酿造波特的葡萄品种同样也可以酿造出色的红葡萄酒。这里是指多瑞加和罗丽红（丹魄在葡萄牙的名称）。它们酿造的餐酒具有纯净的黑莓果香，以及愉悦的孜然、肉桂等香料的风味。

奥地利

蓝佛朗克

奥地利本土红葡萄品种，从轻盈（类似博若来风格）到丰腴、辛辣，风格多变。当酿成轻盈易饮风格的葡萄酒时，尤为鲜美多汁。

【 新世界葡萄酒国家 】

随着新世界葡萄酒国家的发展，除了本土著名的葡萄酒和葡萄品种外，他们也在积极探索，尝试不同的品种和风格。经过时间和经验的打磨，酒庄在对当地的风土具有更深的了解后，开始寻求突破和创新，并向全球消费者证明，无论是什么葡萄品种和风格，他们都有能力酿造成优质的葡萄酒。

澳大利亚

澳大利亚酒庄现在开始尝试使用其他的欧亚种葡萄来提高酿造技巧，丰富酿造经验。在麦克拉仑谷等较温暖的葡萄酒产区，你会发现西西里的黑达沃拉和西班牙的丹魄等葡萄品种，而在相对凉爽的阿德莱德则出产奥地利的绿威林葡萄。

新西兰

新西兰正在努力证明它不仅有出色的长相思和黑皮诺，还有很多其他品种酿成的优质葡萄酒。比如怀赫科岛和霍克斯湾的西拉红葡萄酒，它们品质卓越。很多产区也盛产出色的霞多丽和雷司令白葡萄酒。

中国

非常期待来自中国葡萄酒产区的葡萄酒，它们的实力和品质一直不容小觑。在中国的很多地方也种植歌海娜。对中国葡萄酒的表现，我们拭目以待。

美国加利福尼亚

近几年，加利福尼亚葡萄酒产区发展迅猛，表现出色。北部凉爽的索诺玛产区，近年来名声大噪，尤其是像阿诺·罗伯茨这类小规模的精品葡萄酒庄。它们酿造的霞多丽、黑皮诺和西拉等葡萄酒非常优雅，具有冷凉产区葡萄酒的典型风格。实际上，从蒙特利到圣芭芭拉，遍地都是瑰宝，卓越的风土下酿造出的葡萄酒，品质出众。

南非

近年来，许多新成立的南非酒庄相互合作，分享彼此的技能经验、订制标准，共同造就了南非葡萄酒出色的品质。这种合作开始于南非的黑地产区，现在已经遍及全国，这些生产商酿造出的白诗南、霞多丽、西拉、黑皮诺和神索等葡萄酒，品质令人惊艳。

⚔ 混酿葡萄酒

最早，新世界葡萄酒具有简单易懂的风格。比如提倡用单一葡萄品种酿造（单品种葡萄酒），而且会在酒瓶的前标上特别注明葡萄品种，这使得消费者开始关注葡萄品种。但即使是新世界葡萄酒国家的酒庄也无法断定单一品种比混酿葡萄酒优质，而现在全球开始推崇单一葡萄品种，认为它的葡萄酒品质更加出色。但一些风靡全球、高端、备受称赞的顶级葡萄酒却是由多个品种混酿而成的，所以不要否定混酿葡萄酒的品质和价值。

酒标上的小秘密

新世界国家葡萄酒的标签上以葡萄品种为主，对于消费者来说可以很容易地分辨和理解。这种酒标得到了消费者的广泛认可，以至于一些旧世界葡萄酒国家也开始调整酒标的订制标准，允许葡萄品种出现在酒标上。

法国：了解葡萄园（Crus）

"Cru"在英语中被译成"生长"的意思，在法国的勃艮第、阿尔萨斯等葡萄酒产区会用特级园（Grand Cru）和一级园（Premier Cru）来形容葡萄酒的质量等级，香槟产区也会使用特级园和一级园分类，但也有其他的划分标准。虽然不同的产区对"葡萄园"等级的划分标准不同，但是"特级园"被公认为是最好的，其次是"一级园"。你可能会发现，餐厅的酒单上会将"特级园"简称为"GC"，一级园简称为"PC"或者"1er Cru"。

波尔多：葡萄酒的分级制度

波尔多有一个小产区叫"梅多克"，在这里，赤霞珠品种被认为是葡萄之王。有时，梅多克也被称为"左岸"，这种划分与加隆河和多尔多涅河有关。波尔多左岸在1855年创立了一套酒庄分级制度——1855分级制度，至今仍被沿用。1855分级制度是对波尔多酒庄等级的评判，总共分为5个等级。顶级的是备受尊崇、价格昂贵的"一级庄"，总共有5个酒庄被评为一级庄。梅洛是波尔多右岸最负盛名的葡萄品种。在右岸，有一个叫圣埃美隆的葡萄酒产区，它也有自己的分级体系。顶级的酒庄被称"圣埃美隆一级名庄"，它又分为A级和B级。圣埃美隆列级庄排在一级庄之后。

意大利：珍藏级别和非珍藏级别

"珍藏级别"通常意味着更高的葡萄酒品质，一般比非珍藏级别的葡萄酒陈酿更长的时间，也具有更高的酒精度。

德国：酒标的命名

你可能会对酒标上不同的甜度术语感到困惑，但如果想要真正了解德国雷司令的风格，需要注意酒标上这些术语的含义：

珍藏（*KABINETT*） 干型葡萄酒

晚收（*SPÄTLESE*） 干型或有轻微甜味的葡萄酒

精选（*AUSLESE*） 带有甜味的葡萄酒

逐粒精选（*BEERENAUSLESE*，简称*BA*） 甜型葡萄酒

逐粒枯萄精选贵腐酒（*TROCKENBEERENAUSLESE*，简称*TBA*） 比逐粒精选葡萄酒的甜度更高

冰酒（*EISWEIN*） 甜型葡萄酒

西班牙：珍藏级别的标准

西班牙红葡萄酒的酒标上通常都会出现"珍藏"两个字。珍藏跟随不同的修饰语代表不同的陈酿时间，包含在橡木桶中陈酿的时间：

特级珍藏（*GRAN RESERVA*） 至少陈酿5年

珍藏级别的红葡萄酒（*RESERVA RED WINES*） 至少陈酿3年

珍藏级别的白葡萄酒（*RESERVA WHITE WINES*） 至少陈酿2年

⚔ 酒标上的创新

1. 二维码或者易撕的酒瓶背标。它们可以帮你记住在外面喝过的葡萄酒。
2. 雷司令葡萄酒的甜度等级。雷司令一直备受争议，因为人们担心它太过甜腻。在背标上标注了通用的甜度等级。

RED

红葡萄酒

红葡萄酒种类繁多，各有千秋。既有柔顺甜美型、辛辣强劲型也有芳香优雅型，能够满足各种场景下的饮用需求。其风格的多样性不仅在于果香、香料风味或者是单宁的不同，更重要的是它的原材料——葡萄果实的选择。

黑皮诺
PINOT NOIR

葡萄品种的特点
泥土的气息、优雅、新鲜、令人愉悦的、多汁的、芬芳的、柔顺的、鲜美的

香气
草本的香气、花香、烟熏味、烘焙的香气

口感
甜菜根、蔓越莓、蘑菇、李子、石榴、覆盆子、红樱桃、大黄、草莓、松露、香草

黑皮诺又被称为"葡萄中的小公主",非常娇贵,对产地环境很挑剔,因此也抬高了它的价格。但当种植、酿造等环节一切顺利时,它也能够成为葡萄酒中的"天花板"。黑皮诺适宜种植在凉爽的环境中,酒液为淡红色。新鲜的黑皮诺葡萄酒多汁、甜美,随着陈酿时间的增加,其口感丝滑,具有泥土的气息。

它的原产地在勃艮第,这里的黑皮诺葡萄酒优雅美味,令全世界的酿酒师为之钦佩并着迷。各地的生产商在酿造时要避免过多地使用橡木桶或者发酵时酒精度过高,因为这些会破坏黑皮诺的品种特性和精致的风味。也有人将黑皮诺称作"皮诺",你也可以这样叫它,但需要注意皮诺家族还有很多其他的葡萄品种,比如灰皮诺和白皮诺。世界上有很多顶级的起泡酒也使用了黑皮诺作为主要的葡萄品种进行酿造。采收期结束后,葡萄的果肉(葡萄汁的来源)需要迅速与果皮分离,这样处理可以避免从果皮中萃取红色素,除非你想做成桃红起泡酒。完全用黑皮诺酿造的起泡酒也被称为"黑中白",可以简单地认为是用红葡萄品种酿造的起泡酒。黑皮诺也可以酿造桃红起泡酒,主要有两种酿造方式:一种方式是将黑皮诺红葡萄酒加入香槟中;另一种方式是在酿造时,将葡萄汁进行一段时间的浸皮处理,萃取果皮中的红色素。这种酿造桃红起泡酒的方法也被称为放血法。

【 葡萄酒产区&风味 】

原产地：法国勃艮第

勃艮第红葡萄酒是用黑皮诺进行酿造的。黑皮诺是勃艮第最主要的红葡萄品种。当地的法律是基于"血统"进行继承，因此经过数十年的变迁，勃艮第的葡萄园所有权已经非常分散。一个很小的地块可能同时被90个种植者所拥有，因此他们酿造出的葡萄酒产量都非常稀少，这也导致了勃艮第葡萄酒的价格普遍较高。勃艮第最核心的产区被分为两部分：南部是博恩丘，主要用来种植霞多丽，也有一小部分用来种植优雅娇贵的黑皮诺；北部是夜丘，主要种植黑皮诺。夜丘产区的葡萄酒比南部博恩丘的更加浓郁、鲜美，具有泥土气息和多汁的水果味。

意大利

"Pinot Nero"是黑皮诺在意大利的叫法，黑皮诺主要种植在凉爽的意大利北部，靠近阿尔卑斯山脉。尤其是北部的上阿迪杰产区，酿造的黑皮诺葡萄酒清新爽脆，带有樱桃的风味。伦巴第产区也种植黑皮诺品种，而且是酿造弗朗齐亚柯达起泡酒的重要酿造品种（参见175页）。

🍴 勃艮第红葡萄酒的酒标

勃艮第红葡萄酒（黑皮诺是主要的酿造品种）按照品质由高到低的等级顺序，在酒标上依次标注：特级园、一级园、村庄级（如波玛村）、几个村庄组成的小产区名（如夜丘产区）、勃艮第大区级。

德国

黑皮诺在德国被叫作"*Spätburgunder*"，近几年已成为德国葡萄酒中非常重要的葡萄品种。与15年前相比，黑皮诺的产量有所增加，主要集中在德国南部，巴登和法尔兹等地区。南部气候温暖，能够满足黑皮诺品种的成熟条件。来自片岩土壤上的黑皮诺，酿造出的葡萄酒口感细腻，具有矿石、板岩的风味。换言之，德国南部的黑皮诺葡萄酒带有咸鲜的风味，而不是果味多汁的风格。但是它们的品质却被大幅低估了。如此经典又具有代表性的风味，已经成为黑皮诺葡萄酒中一类典型的风格类型。

美国

在美国，有很多顶级的黑皮诺葡萄酒。在加利福尼亚产区、俄罗斯河谷产区和卡内罗斯产区都出产令人惊艳的黑皮诺葡萄酒。与其他生产黑皮诺的产区相比，加利福尼亚的黑皮诺葡萄酒果香突出，酒体更加饱满。卡内罗斯产区不仅出产黑皮诺红葡萄酒，也有出色的黑皮诺起泡酒。在美国的俄勒冈产区，黑皮诺是当地的旗舰品种，尤其是子产区威拉米特谷的黑皮诺葡萄酒最为出众。那里的黑皮诺葡萄酒芬芳而优雅，我特别喜欢当地杜鲁安酒庄、伯格斯多姆酒庄和克里斯顿酒庄酿造的黑皮诺。

智利

智利酿造的黑皮诺新鲜多汁，性价比高，尤其以卡萨布兰卡和圣安东尼产区的黑皮诺最为出色。黑皮诺风味的复杂度一直在增加，尤其是来自莱达和帕拉多内等新兴冷凉产区的黑皮诺葡萄酒。柯诺苏酒庄酿造的黑皮诺有很多级别，但整个系列的酒款都始终保持着卓越的品质。维尼亚玛是智利较早酿造黑皮诺的酒庄之一，现在酿造出的黑皮诺葡萄酒依然令人惊艳。来自帕拉多内的真实家园也生产出色的黑皮诺葡萄酒，但同样来自冷凉产区的蕾妲酒庄酿造的黑皮诺酒却具有海洋产区的典型风格，清新爽脆、果香浓郁并带有明显的咸味。

新西兰

新西兰是凉爽的海洋性气候，非常适合种植黑皮诺。这有点像霞多丽，在新西兰的很多产区都能酿造出优质的葡萄酒。很早以前，马丁堡的黑皮诺就声名显赫，像新天地酒庄和克拉吉酒庄都是首屈一指的黑皮诺生产商。

然而，现在新西兰生产的顶级黑皮诺中，最热门的葡萄酒产区是中奥塔哥。中奥塔哥是世界上最南端的葡萄酒产区，这里生产的黑皮诺优雅迷人，而且随着陈酿时间的增加，能够演变出更多丰富复杂的风味。中奥塔哥的黑皮诺具有浓郁的樱桃味，并带有一丝烤面包和香料的气息，品质出众。飞腾酒庄是当地的代表性酒庄，酿造的葡萄酒品质惊艳。除了飞腾酒庄，在中奥塔哥还有一些酒庄我也非常喜欢，比如爱德华山酒庄、端木酒庄医生公寓酒庄和布恩酒庄。

马尔堡产区也有很多出色的黑皮诺葡萄酒，具有覆盆子和樱桃的果香，风味精致鲜美。其中一些品质尤为出众，可以被称为是顶级的黑皮诺葡萄酒（惊艳迷人），比如当地的多吉帕特酒庄和席尔森酒庄产的葡萄酒。

东欧地区

听起来不可思议？可能你会有这样的想法，但是保加利亚、罗马尼亚和匈牙利确实出产优质的黑皮诺。千万不要小瞧这些地方，它们酿造的黑皮诺葡萄酒好喝易饮，酒体轻盈，是清爽型黑皮诺葡萄酒中的翘楚，但是这些国家却从没想过改变风格，来与那些酿造复杂型黑皮诺的产区竞争，至少现在还是如此。在这些国家中，我喝过最好的黑皮诺来自保加利亚的爱德瓦·多米罗利奥酒庄。

法国的其他产区

卢瓦尔河谷也种植黑皮诺。桑塞尔的黑皮诺红葡萄酒，酸度活泼，清新爽脆，美味多汁，优雅美味，非常适合在春天和夏天饮用。在桑塞尔产区，文森特·德拉波特酒庄和杰拉德·皮埃尔莫林酒庄酿造的黑皮诺葡萄酒是我最喜欢的。阿尔萨斯的气候凉爽，与德国巴登产区接壤，酿造的黑皮诺风格也类似，具有咸鲜的风味。法国南部产区气候温暖，果实成熟度高，酿造的黑皮诺葡萄酒美味多汁。虽然这里不是黑皮诺的原产地，但温暖的产地来源，从葡萄酒的风味特征上能明显地辨别出来。

澳大利亚

澳大利亚酿造出很多世界一流的黑皮诺葡萄酒，尤其是塔斯马尼亚和维多利亚产区，凉爽的气候能够满足黑皮诺严苛的种植要求。维多利亚州雅拉谷产区的福布斯酒庄、蒂莫梅尔酒庄和布鲁克山酒庄是当地备受赞誉的黑皮诺生产商；莫宁顿半岛产区也有很多顶级的黑皮诺生产商，比如帕霖佳酒庄和雅碧湖酒庄。

南非

虽然南非的黑皮诺主要用来酿造起泡酒，但当地黑皮诺红葡萄酒的产量和品质也在不断提高。受海风的影响，天地山谷产区气候凉爽，被认为是南非最好的黑皮诺产区。当地有很多优秀的黑皮诺生产商，比如埃尔金酒庄、凯西·马歇尔酒庄等。南非最著名的斯特兰德产区也有很多出色的黑皮诺葡萄酒，比如克莱文酒庄的黑皮诺就非常惊艳。

🍴 **冷藏**

如果你选择黑皮诺做鱼肉的配餐酒或者作为清爽的夏季开胃酒饮用，请一定要提前冷藏15分钟。适当的冷藏时间能够使黑皮诺的果味更加清新愉悦。冰镇酒的知识请参见32页。

西拉/设拉子
SYRAH/SHIRAZ

葡萄品种的特点
优雅、肉类的风味、胡椒味、芳香、口感丰富、烟熏味、辛辣

香气
芳草香、橡木的气味、烟熏味、烘焙的香气

口感
八角、培根、黑莓、黑醋栗、黑橄榄、黑胡椒、樱桃、巧克力、咖啡、小葡萄干、桉树、水果蛋糕、果酱/果冻、坚果、李子、覆盆子

你是否对西拉或者设拉子的风味感到好奇？先看下它们的名字，它们其实是同一葡萄品种，但在旧世界葡萄酒国家被称为西拉，在新世界葡萄酒国家被称为设拉子。新世界葡萄酒国家的酿酒师通常认为他们的葡萄酒具有旧世界西拉的口感风味，也开始用西拉这个名字。所以我们可以从酒标上的名字来判断这款葡萄酒是具有旧世界西拉还是新世界设拉子的风格。典型的设拉子葡萄酒，饱满而奔放，具有黑色水果、黑胡椒、香料和甘草的风味。西拉则更加优雅，除了典型的黑色水果风味，还有蘑菇和泥土的风味。

无论是作为单一品种酿造还是与其他葡萄品种混酿，西拉/设拉子葡萄酒都非常美味。与其他葡萄品种混酿时，多与歌海娜、慕合怀特等搭配，有时也与赤霞珠一起酿造。它还有一个经典的混酿配方就是与白葡萄品种维欧尼一起酿造。优雅、美味、风格多样，这就是西拉/设拉子。

【 葡萄酒产区&风味 】

原产地：法国罗纳河谷

法国东南部从里昂延伸到阿维尼翁，都是西拉的热门产区。按照气候和土壤的差异，罗纳河谷的葡萄酒产区可以分为两部分：北罗纳河谷和南罗纳河谷。在北罗纳河谷，从里昂到蒙特利马，西拉是唯一的"法定"红葡萄品种，但当地酿酒师经常用白葡萄品种维欧尼和西拉一起混酿。但在南罗纳河谷，西拉经常与歌海娜、慕合怀特以及神索等葡萄品种混酿。这里顶级的葡萄酒产区（如吉恭达斯和教皇新堡产区），就是以西拉混酿葡萄酒而闻名。这些葡萄酒口感浓郁饱满，新生产出来时单宁含量高，但其中的一些顶级葡萄酒具有很强的陈酿潜力，而且它们具有明显的培根风味。

澳大利亚

大多数澳大利亚酒庄喜欢用设拉子这个名称，虽然澳大利亚设拉子的品质从一般到卓越都有，但这也限制了它的发展和成功。在20世纪90年代末期，果香丰沛、辛辣的澳大利亚设拉子风靡全球，可现在大多数人还是觉得澳大利亚设拉子口感太过浓郁。但事实并非如此。再试一次澳大利亚设拉子吧，你会有不同的感受！南澳的巴罗萨谷产区奠定了澳大利亚设拉子的地位。南澳的设拉子虽然价格昂贵，但的确物有所值。设拉子在澳大利亚本土非常受欢迎，它也是澳大利亚的代表性红葡萄酒品种。过度成熟的果酱味、单宁的口感、缺乏酸度以及过高的酒精度曾让澳大利亚设拉子名声受损，但是现在已经很少见到这种情况了。典型的澳大利亚设拉子具有怡人的黑加仑果香，并

🍷 关于西拉/设拉子的那些事

西拉/设拉子是起源于法国罗纳河谷的红葡萄品种，单一品种的西拉/设拉子和它的混酿葡萄酒很容易区分。一些较高品质的西拉也具有很强的陈酿潜力。

带有少许香料、甘草以及桉树的香气。巴罗萨谷的设拉子浓郁奔放，麦克拉仑谷的设拉子浑厚强劲，维多利亚州的设拉子则更加优雅。克隆那奇拉、亨施克、贾斯帕山和卢克兰伯特酒庄是我最喜欢的几个澳大利亚设拉子生产商。

南非

现在，南非是西拉/设拉子的热门产地。虽然以前南非的红葡萄酒因烧焦的橡胶味而名声受损（现在已经很少会发生这种情况），但近几年来，西拉/设拉子葡萄酒品质不断提高，提升了南非红葡萄酒的国际地位。所有种植西拉/设拉子的国家中，在选择是以西拉还是设拉子命名的问题上，南非的分歧是最大的。现在，南非最热门的西拉产区是开普敦北部的黑地，几乎所有（至少是很多）前卫、有名的酿酒师都选择用黑地的西拉来酿造复杂精致的葡萄酒，另外斯特兰德产区也有很多优秀的西拉生产商。这里优质的西拉葡萄酒具有纯净、甜美的果香，以及黑巧克力的风味，口感圆润饱满而且多汁。在南非，马利诺酒庄和克雷文酒庄是我最喜欢的两个西拉的酿酒商。

智利

智利的西拉/设拉子是当地高端葡萄酒市场上的重要酒款。智利西拉的品质整体在不断提高，智利北部的新兴产区为西拉的发展做出了重大的贡献，尤其是埃尔基谷，西拉/设拉子已经成为当地的标志性葡萄品种。这里的西拉具有纯净的黑色水果风味，并带有清凉的黑胡椒气息。对于新兴产区来说，西拉能到达这种品质是非常令人惊叹的。目前，该产区只有很少的几家酿酒商，我比较推荐的是翡冷翠酒庄。

新西兰

新西兰的西拉/设拉子具有冷凉产区的葡萄酒风格。与智利类似，西拉在新西兰的产量不大，但是品质很高。我喜欢它内敛的风格，凉爽的气候赋予葡萄酒清新的果香，并带有碾碎的黑胡椒的气息。霍克斯湾和激流岛产区酿造的西拉/设拉子，令人非常惊艳。如果有机会，我推荐你试一下三圣山酒庄和牧草场酒庄生产的西拉。

美国加利福尼亚

加利福尼亚的西拉曾被认为具有果香丰沛、圆润饱满的风格，但现在这种观点已经发生了变化，一些生产商正在尝试优雅、辛辣的西拉风格，比如在冷凉区的索诺玛县的安诺特—罗伯特酒庄和风谷酒庄。

经典混酿葡萄酒

西拉/设拉子和白葡萄品种维欧尼是非常好的搭档，虽然混酿葡萄酒的种类很多，但西拉和维欧尼的搭配是非常经典的葡萄酒风格。

澳大利亚南部，巴罗萨谷产区的葡萄园

▶ 冰镇红葡萄酒 ◀

有一点需要注意，并不是所有的红葡萄酒在冷藏后都可以直接饮用。一直以来，我们都认为红葡萄酒应该在室温下饮用，但是这种说法是错误的。因为最早提出这个观点时，还没有进行集中供暖，房间的温度较低。现在屋内有了暖气，温度上升，"室温"已经不再是红葡萄酒的最佳适饮温度。而且，某些品种的葡萄酒冷藏后，口感清新馥郁，具有更好的风味。虽然并不是每个人都喜欢这种风格，但有时冷藏的红葡萄酒的确能带来愉悦的享受，尤其是在炎热的夏季。低单宁和低酒精度的红葡萄酒最适合这种方式。

从冰箱中取出后可以直接饮用的红葡萄酒

博若来&博若来新酒（*BEAUJOLAIS & BEAUJOLAIS NOUVEAU*） 这是博若来产区的两个入门款的葡萄酒，由佳美葡萄酿造。博若来新酒新鲜、果香丰沛，在每年11月份的时候上市出售。

蓝布鲁斯科（*LAMBRUSCO*） 意大利的一种微起泡酒，饮用时搭配比萨，风味更佳。

从冰箱中取出15分钟之后再饮用的红葡萄酒

博若莱村庄级红葡萄酒&博若莱特级红葡萄酒（*BEAUJOLAIS-VILLAGES & BEAUJOLAIS CRU*） 这两款葡萄酒由佳美葡萄酿造。特级是博若莱产区最高的葡萄酒等级，它的果香虽然不如普通博若莱葡萄酒浓郁奔放，但冷藏后依然具有新鲜而愉悦的果香。

黑皮诺（*PINOT NOIR*） 特指那些来自冷凉产区、酒体轻盈、果香丰沛，而且没有经过橡木桶陈酿的黑皮诺。

品丽珠（CABERNET FRANC） 以青草味著称的品丽珠，在冷藏后饮用，风味更佳。尤其是罗纳河谷产区出产的品丽珠葡萄酒。

茨威格（ZWEIGELT） 奥地利最受欢迎、种植最广的红葡萄品种，适合在冷藏后饮用。

弗莱帕托（FRAPPATO） 主要生长在意大利南部，新鲜易饮，酒体轻盈、多汁，具有果酱的风味。

甜型红葡萄酒（SWEET REDS） 甜型红葡萄酒在冷藏后饮用口感更佳，因为低温可以减少甜腻感。

博巴尔（BOBAL） 西班牙最有潜力的葡萄品种，果香馥郁，口感柔顺。

设拉子起泡葡萄酒（SPARKLING SHIRAZ） 起泡酒一般会在冷藏之后饮用。同样的道理，设拉子起泡葡萄酒也需要先冷藏。葡萄酒中的果香需要一段时间才能释放，最好的方式就是在室温下先静置几分钟，而不是从冰箱取出后就直接饮用。

从冰箱中取出静置20~30分钟后才能饮用的红葡萄酒

歌海娜（GRENACHE） 歌海娜的单宁含量低，适度冷藏后口感更佳。越新鲜的歌海娜葡萄酒冷藏的效果就会越好。但这主要适用于新世界葡萄酒国家的歌海娜，对于西班牙或者法国的歌海娜葡萄酒，很少需要进行冷藏处理。

西拉/设拉子（SYRAH/SHIRAZ） 虽然西拉的单宁含量高，但是它的花香和黑胡椒的香味在冷藏后会更加明显。智利埃尔基谷产区的西拉是最好的例子。

芒索（MANSOIS） 法国西南部的马尔希拉克产区用芒索酿造出的红葡萄酒清新爽脆，轻微的香料味在冷藏后更加怡人。

✘ **什么是"窖藏低温"？**

这是在葡萄酒贸易中使用的一个词语，用来描述没有经过冰箱冷藏，但是温度却明显低于室温的葡萄酒。

赤霞珠
CABERNET SAUVIGNON

葡萄品种的特点
咀嚼感、风味集中、肉味、口感顺滑、烟熏味

香气
烟熏味、烤面包的香气、橡木味、皮革味

口感
黑醋栗、蓝莓、樱桃、肉桂、桉树、水果蛋糕、果酱/果冻、甘草、薄荷、肉豆蔻、李子、烟草、香草

赤霞珠风味浓郁、质量上乘而且容易种植，是全球最重要的葡萄品种之一。它也是名副其实的国际品种，在世界各地都能很好地生长。

赤霞珠原产于法国，但它的原产地并不是波尔多，这可能是很多人没有想到的。虽然波尔多产区成就了赤霞珠的名气，但它其实起源于法国西南部。赤霞珠的亲本品丽珠和长相思也都是全球重要的葡萄品种，这对于一个知名的国际葡萄品种来说是非常罕见的。

这些也许足够成为选择赤霞珠的理由，它明明可以靠名气"受宠"，但它偏偏还有"实力"。赤霞珠深色的果皮赋予了葡萄酒靓丽的紫色，果皮中的单宁增加了口腔中的收敛感（单宁有利于葡萄酒的陈酿），适合与其他葡萄品种混酿。虽然一些在温暖气候中生长的红葡萄品种，经常会缺乏酸度，产生平淡的口感，但赤霞珠天然高酸，能够增加葡萄酒新鲜爽脆的口感。而且赤霞珠无论是单一品种酿造还是与其他葡萄品种混合，酿造出的葡萄酒都十分美味怡人。

一直以来，梅洛都是赤霞珠最受欢迎的混酿品种之一，它们的混酿葡萄酒风味优雅迷人，品质令人惊艳。波尔多是生产赤霞珠梅洛混酿葡萄酒最出名的产区，但这种风格很常见，从美国东海岸到意大利都生产赤霞珠梅洛混酿的葡萄酒。

虽然赤霞珠的酸度、单宁等很多指标都非常高，但并不是所有的赤霞珠葡萄酒都有顶级葡萄酒的品质。赤霞珠也经常被做成简单易饮、价格便宜的红葡萄酒（性价比高），这也在一定程度上解释了它在全球广受欢迎的原因。

【 葡萄酒产区&风味 】

原产地：法国西南部

你不可能在葡萄酒的产区地图里找到一个产区，说："瞧，这里才是种植赤霞珠的地方。"相反，法国西南部的很多子产区都种植赤霞珠，包括与波尔多交接的贝尔热拉克以及更南边的马迪朗产区。这些产区的葡萄酒，在混酿时可以加入赤霞珠，为葡萄酒增加颜色、酒体，并使其具有更强的陈酿潜力。一般而言，你可以认为赤霞珠能够提升混酿葡萄酒的品质。

法国波尔多

波尔多的赤霞珠红葡萄酒不是只有收藏者和亿万富翁才喝得起。无论是何种品质级别和价格的波尔多红葡萄酒，赤霞珠都是最重要的品种之一。需要注意的是，无论什么风格和价位，波尔多红葡萄酒都可以用"*claret*"来指代。在波尔多产区，赤霞珠通常与其他葡萄品种一起混酿，比如梅洛和品丽珠。

赤霞珠适合用橡木桶陈酿，它的果味浓郁，足以匹配橡木桶的风味，但饮用时需要小心新鲜的赤霞珠葡萄酒，它从橡木中萃取部分单宁后，口感会更加强劲。波尔多的某些产区出产非常优质的赤霞珠，比如波尔多左岸（加隆河的左岸）。虽然波尔多的左岸和右岸都种植赤霞珠和梅洛，但右岸的土质更适合梅洛。如果一款波尔多红葡萄酒以赤霞珠为主要葡萄品种，它会有浓郁的黑醋栗和薄荷的风味。

美国

赤霞珠使得加利福尼亚葡萄酒声名远扬。20世纪70年代，在波尔多的葡萄酒盲品比赛中，加利福尼亚葡萄酒打败了法国葡萄酒，一战成名。这场比赛的结果震惊了葡萄酒市场，美国人满载而归，不久之后，加利福尼亚的赤霞珠葡萄酒风靡全球，尤其是纳帕谷和索诺玛产区，备受追捧。一直以来，加利福尼亚葡萄酒浓郁饱满，酒体强劲，单宁含量高，需要陈酿一段时间使口感更加柔和。近几年来，加利福尼亚葡萄酒也发生了一些变化（纳帕谷产区的改变较少），一些精巧风格的赤霞珠的品质和价值开始被认可，比如来自维亚诺葡萄园的葡萄酒。华盛顿州也是美国赤霞珠的核心产区，你可能没有喝过，但这里的葡萄酒果味丰沛。在这里，顶级的葡萄酒单宁含量低，适合新鲜饮用。华盛顿州具有很多瑰宝级的赤霞珠生产商（比如树篱酒庄），它们酿造的赤霞珠风格独树一帜，与众不同。

澳大利亚

赤霞珠是帮助澳大利亚葡萄酒享誉世界的主要红葡萄酒之一。在澳大利亚，好喝易饮的赤霞珠葡萄酒随处可见。澳大利亚赤霞珠果味丰沛，黑加仑的风味如果汁般浓郁，但其实很多澳大利亚赤霞珠葡萄酒（简称Aussie Cab）中还混酿了梅洛或设拉子。虽然是混酿葡萄酒，但它仍保持了明显的蓝莓和黑加仑的风味，尤其是薄荷和桉树的味道最明显。

现在顶级赤霞珠最炙手可热的产区是西澳，尤其是西澳的玛格丽特河产区，那里的葡萄酒非常优雅，比如卡伦酒庄。除了西澳，南澳库纳瓦拉产区酿造的高端赤霞珠葡萄酒也非常受欢迎。其中，翰斯科酒庄是我在库纳瓦拉产区最喜欢的酿酒商。

中国

觉得惊奇吗？这些年以来，波尔多红葡萄酒在中国葡萄酒市场大受欢迎，于是很多中国酒庄开始尝试这种风格，葡萄的种植率大幅增加。如果有机会，你一定要品尝一下中国产区的波尔多红葡萄酒，绝对会令你惊艳。

虽然在中国还没有发现非常适合种植赤霞珠的产区，但赤霞珠在中国市场大获成功，于是酒庄开始引进全球各地的酿酒师人才，共同提升葡萄酒的品质。中国产区值得持续关注，目前来看，中国的宁夏产区似乎是最有潜力的。

智利

智利是种植赤霞珠的优质产区，所以很多酒庄都酿造赤霞珠葡萄酒。赤霞珠果香馥郁、美味，且价格亲民。近几年来，智利通过不断地探索各个产区适合种植的葡萄品种，成功种植了很多葡萄品种，于是在哪里都能生长良好的赤霞珠不再是被关注的焦点。如果去智利，拉博丝特酒庄、斯尔本塔酒庄、伊拉苏酒庄、德马丁诺酒庄、瓦蒂维索酒庄的赤霞珠是我的必买款。

欧洲的其他产区

除了法国，赤霞珠是意大利本土一些知名葡萄酒的主要酿造品种，尤其是在意大利中部和南部地区（仍是以当地特有的葡萄品种为主）。其中名气最大的是托斯卡纳的赤霞珠，它是酿造"超级托斯卡纳"的重要葡萄品种。早在

20世纪60年代，超级托斯卡纳的生产商就决定用赤霞珠、梅洛等国际葡萄品种酿酒，但同时它们也违反了意大利传统的葡萄酒酿造标准。虽然赤霞珠名气大减，但却保障了它在意大利葡萄酒市场的位置。而且，"超级托斯卡纳"品质非常高，已经成为托斯卡纳产区固定的酿造配方，当然也可以卖到很高的价格。最有名的超级托斯卡纳是西施佳雅，主要由赤霞珠酿造而成，但是我个人更喜欢德里西奥酒庄酿造的超级托斯卡纳——天狼星葡萄酒。

赤霞珠也是西班牙的主要葡萄品种，有时也用来酿造里奥哈红葡萄酒，但数量不多。西班牙的赤霞珠红葡萄酒圆润饱满、具有肉类的风味，一般来说在风格和酒体上介于波尔多和加利福尼亚赤霞珠之间。

下图：法国兰斯山的葡萄园
右图：法国多尔多涅河畔的圣埃美隆

梅洛
MERLOT

葡萄品种的特点
口感绵密、果肉多汁、丝滑、辛辣、鲜美

香气
野味、皮革味、烟熏味

口感
甜菜根、黑莓、黑樱桃、黑橄榄、雪松、雪茄、桉树、水果蛋糕、甘草、李子、香草

全球很多的葡萄酒产区都种植梅洛。梅洛容易酿造，好喝易饮，而且价格亲民。梅洛可以作为单一葡萄品种酿造葡萄酒，具有肥美多汁、果味馥郁、简单易饮的红葡萄酒风格（也被称为单一品种葡萄酒）。梅洛的果实相对比较大，果汁含量高，酿出的葡萄酒具有更多的红色水果（比如智利的车厘子）风味。梅洛也可以用来酿造混酿葡萄酒，世界上很多价格昂贵的顶级葡萄酒是由梅洛混酿而成的，比如波尔多红葡萄酒（也被称为"*claret*"），以及意大利的超级托斯卡纳红葡萄酒（参见73页）。

梅洛非常适合与赤霞珠混合酿造葡萄酒，因为单一品种的赤霞珠口感有点涩，需要与多汁、具有肉质感的梅洛相搭配。无论是作为混酿品种（除了赤霞珠，还可以与其他品种混合酿造），还是单一葡萄品种，梅洛都非常受欢迎，而且它容易种植，遍及全球各个产区，所以像赤霞珠一样，梅洛也属于"国际葡萄品种"。

【 葡萄酒产区&风味 】

原产地：法国波尔多

波尔多右岸的产区，土质富含黏土，主要种植梅洛。波尔多右岸不仅有柏图斯、金钟和白马等价格昂贵的名庄酒，也出产充满黑加仑风味的日常餐酒。但也有很多价值不菲的顶级红葡萄酒是梅洛辅助赤霞珠混酿而成的，这些顶级葡萄酒中也有波尔多左岸的一级庄（参见14页）。梅洛细腻柔顺，与赤霞珠混合后可以增加葡萄酒中的果味。

智利

智利的梅洛风格独树一帜。其果味浓郁，口感柔和，单宁含量低，简单易饮而且价格亲民，使智利在葡萄酒版图上自成一派。因为梅洛，智利一直被认为只有廉价的葡萄酒。但是近几年来，这种认知逐渐发生了变化，随着酿酒工艺的提升和产区的开拓发展，智利开始尝试种植各种葡萄，包括书中提到的一些特色葡萄品种。智利梅洛仍然具有很大的市场份额，而且以果香馥郁、价格亲民的风格为主，是很多消费者心中最喜欢的品种。

意大利

近几年来，很多国家都在减少梅洛的种植规模，但意大利的梅洛却变得越来越重要。梅洛主要种植在意大利的北边，一般与其他葡萄品种混合酿造，所以很难找到单一梅洛酿造的意大利葡萄酒。在意大利的梅洛混酿葡萄酒中，最出名的就是超级托斯卡纳（参见73页）。

> ✖ **你知道吗？**
> 智利梅洛其实是因为佳美娜而出名的。在智利梅洛刚开始走红的时候，很多梅洛葡萄酒其实是佳美娜，因为在当时，佳美娜被误认为是梅洛而种植在一起。

西班牙

像意大利一样，虽然西班牙独具风情的葡萄酒主要由当地特色的葡萄品种酿造而成，但梅洛在西班牙红葡萄酒中依然有着惊艳的表现。而且在西班牙，梅洛被用来酿造相对柔和的红葡萄酒，这点也与意大利类似。

美国

在以赤霞珠为主的葡萄酒产区里，一定也会种植梅洛。反之，以梅洛为主的产区也一定会种植赤霞珠。因为赤霞珠和梅洛就像阴阳两面，各具特点，搭配在一起能够酿出优质的葡萄酒。加利福尼亚著名的梅里蒂奇葡萄酒是由梅洛混酿而成，所以梅洛是加利福尼亚非常重要的葡萄品种。梅里蒂奇葡萄酒可以由赤霞珠、梅洛、品丽珠、马尔贝克、小味尔多、佳美娜酿制，至少含有其中的两个品种。梅里蒂奇葡萄酒酒体强劲、风味浓郁，如果向其中混入梅洛，口感更加柔和，适合新鲜饮用。如果酿造成单一品种的加利福尼亚梅洛葡萄酒，则具有饱满浓郁、强劲的风格。

在华盛顿州，梅洛的风味和口感比加利福尼亚梅洛要清淡一些。风格更加新鲜清爽，但仍有很多梅洛品种独特的风味特点，具有黑色水果、皮革、茴香和甘草的味道。

澳大利亚

在澳大利亚，虽然种植梅洛的葡萄园附近也有赤霞珠，但是梅洛多是单一品种酿造。典型的澳大利亚梅洛是单一品种酿制的，具有李子的风味，口感浓郁、多汁。

电影《杯酒人生》的影响

电影《杯酒人生》上映后，梅洛销量开始下滑，因为大众认为黑皮诺的品质优于梅洛。
但在影片结尾，白马酒庄的红葡萄酒被认为是葡萄酒的巅峰之作，而梅洛正是白马酒庄
最重要的两个葡萄品种之一。

法国，波尔多右岸，波美侯产区，柏图斯酒庄

马尔贝克
MALBEC

葡萄品种的特点
口感绵密、风味集中度高、泥土味、肉味、馥郁芬芳、辛辣

香气
花香、皮革、馥郁芬芳、辛辣的烟熏味、烘焙的香气、烟草味

口感
黑莓、黑加仑、黑橄榄、黑胡椒、樱桃、肉桂巧克力、甘草、李子、覆盆子、松露

马尔贝克原来叫"*Malbec-Cot*"或者"*Côt*"，虽然这个名字并不难读，但却并未普及开来。无论你怎么称呼它，马尔贝克凭借它鲜美的口感和黑加仑风味，深受消费者欢迎。

马尔贝克具有颜色浓郁、口感丰富、多汁的特点。虽然马尔贝克单一品种葡萄酒（只用马尔贝克酿造）非常出名，但它也可以做成混酿葡萄酒。尤其是在马尔贝克的家乡——法国西南部的卡奥产区，有很多马尔贝克混酿葡萄酒。在卡奥，马尔贝克也被叫作"*Cot*"或者"欧赛瓦"。

【 葡萄酒产区&风味 】

原产地：法国卡奥产区
一般认为在卡奥产区，马尔贝克混酿葡萄酒中至少含有70%的马尔贝克葡萄，其他的可以是梅洛或者丹娜。如果不按照这个标准酿造，酒标上不能

标注"卡奥"，这是生产商不愿意看到的，因为卡奥葡萄酒具有很高的信誉度，是法国西南部产区的葡萄酒中最有威名的。与南半球产区的马尔贝克相比，卡奥葡萄酒更加粗犷，具有泥土的风味，适合搭配红肉或者酱汁浓郁的菜肴。

阿根廷

阿根廷的马尔贝克葡萄酒明亮、纯净、多汁，具有黑色水果的风味，以及奶油般细腻的质感和橡木桶的风味。马尔贝克是阿根廷非常成功的葡萄品种，从智利到秘鲁，现在马尔贝克已经遍及整个南美洲。阿根廷是南半球最早种植马尔贝克的国家，尤其是门多萨产区。门多萨的子产区——尤克谷，这里已经发展成为优质马尔贝克的热门产区。尤克谷的马尔贝克品质如此惊艳，以至于厂商通常把"尤克谷"产区的名字标示在酒标上，以此来彰显它卓越的品质，有机会你可以自己观察一下它们的酒标。

马尔贝克在阿根廷有着悠久的历史，因此种植者在选择马尔贝克的种植园和葡萄藤时，有着丰富的经验。葡萄园一般选在适合马尔贝克生长的高海拔地区，气候炎热而且生长季长，才能够出产更高品质的果实。

风靡阿根廷的马尔贝克主要是指单一品种（主要由这种品种酿造）的马尔贝克葡萄酒。但是以马尔贝克为主的混酿葡萄酒逐渐成为趋势，通过加入赤霞珠、梅洛等其他葡萄品种来提升葡萄酒风味的复杂度。推荐两个我非常喜欢的酿造单一品种马尔贝克葡萄酒的生产商：普兰塔酒庄和菲丽酒庄。

美国

马尔贝克的葡萄园遍及整个美国，在加利福尼亚和华盛顿州最受欢迎。在加利福尼亚，马尔贝克一般用来提升混酿红葡萄酒的品质，但在华盛顿一般用来酿造优雅、黑色水果风味的葡萄酒。与阿根廷一样，华盛顿葡萄的生长季

很长，但由于气候炎热，葡萄果实的糖分迅速积累而风味却不如阿根廷的马尔贝克浓郁。

智利

第一次喝到的智利马尔贝克时，我大吃一惊。那是由法国酿酒师酿造的来自卡萨布兰卡产区的一款葡萄酒，这个产区以出产优质的白葡萄酒而闻名。近几年来，在智利酿造马尔贝克的酒商越来越多，不仅来自卡萨布兰卡产区，更是遍布整个智利。我发现智利的马尔贝克一般没有阿根廷的酒体饱满，但比阿根廷的马尔贝克多了一些黑胡椒的香气，口感更加清爽。

澳大利亚

澳大利亚的酿酒商一直在努力尝试不同的葡萄品种，证明澳大利亚不是只有一种风格的葡萄酒（澳大利亚设拉子，参见28页），所以现在市场上有越来越多的澳大利亚马尔贝克。马尔贝克和设拉子这两个品种都具有浓郁饱满、果味丰沛的风格。在我喝过的马尔贝克和设拉子中，澳大利亚出产的葡萄酒（尤其是西澳的玛格丽特和南澳的兰好乐溪产区）是非常值得推荐的。

✖ 你知道吗？

马尔贝克不仅红葡萄酒口感丰富，它酿造的桃红葡萄酒也非常美味。因为酿造时，很容易从它的果肉和果皮中萃取出颜色和风味物质。

阿根廷门多萨产区的葡萄园

关于单宁的那些事儿

当你喝葡萄酒的时候，口腔里会有收敛的涩感，那就是单宁带来的感受。这种涩感主要集中在牙齿、舌头和口腔的两侧。如果茶叶煮的时间过长，喝起来也有类似的感受。

单宁来自哪里

葡萄　单宁存在于葡萄的梗、果皮和种子中。一般红葡萄品种的单宁含量要高于白葡萄品种。

橡木桶　葡萄酒在橡木桶中陈酿时，会从橡木桶中萃取出单宁。尤其是在新桶中陈酿的葡萄酒，单宁含量会更高。当酿酒师使用以前陈酿过葡萄酒的旧橡木桶时，对葡萄酒中单宁的影响会弱一些。

单宁有什么作用

单宁就像葡萄酒的骨架。在口腔时有咀嚼感，能够提高葡萄酒的陈酿潜力。单宁只是影响葡萄酒陈酿潜力的一个重要因素，并不是所有单宁含量高的葡萄酒都可以陈酿数十年。

不喜欢高单宁的葡萄酒

其实，有两种方式可以降低葡萄酒中的单宁含量。一种是在喝葡萄酒的时候与食物一起搭配饮用。口腔里的食物能够减少单宁产生的涩感。另一种方式就是将葡萄酒放一段时间再饮用。随着陈酿时间的增加，单宁的含量会降低，但是还有很多因素会影响陈酿的潜力，高单宁这一个指标并不能说明这是一款高品质的葡萄酒。

为什么在橡木桶中陈酿非常重要

有两个原因：风味和单宁。橡木桶的风味对葡萄酒风格的影响很大，比如里奥哈红葡萄酒和纳帕谷的赤霞珠。橡木桶既可以用于陈酿也可以用于葡萄酒的发酵。为了增加橡木桶的风味，提高单宁的含量，酿酒师在发酵和陈酿的过程中都会使用橡木桶。栎树是酿酒中最常用到的木材，它不仅可以赋予葡萄酒更多怡人的风味，而且比其他品种的木材更防水。

橡木来自哪里

美国和法国的橡木桶是最受欢迎的。酿酒师主要根据橡木桶对葡萄酒风味产生的影响来进行选择。比如，里奥哈红葡萄酒的生产商喜欢用美国橡木桶，但是在意大利，内比奥罗等葡萄品种一般使用来自波斯尼亚、斯洛文尼亚和塞尔维亚的橡木桶。美国橡木桶具有明显的香草风味，但在法国橡木桶中并不明显。

葡萄酒一定要使用橡木桶吗

橡木桶并不是必需的。将橡木片或橡木条泡在葡萄酒中也可以增加葡萄酒的橡木风味，就像泡茶时使用的茶包，这是一种经济实惠的方式。但与使用橡木桶相比，橡木片和橡木条被认为是低品质的方法。

橡木桶如何影响葡萄酒的风味

橡木桶在制作的过程中需要经过烘烤。一般而言，烘烤分为三级：轻微烘烤、中等烘烤和重度烘烤。烘烤程度越大，橡木桶对葡萄酒风味的影响也会越大。

⚔ 你知道吗？

当我们在飞机上饮用葡萄酒时，单宁的涩感会更加明显，因为高海拔会增强我们对单宁的感知。

歌海娜&混酿葡萄品种
GRENACHE & FRIENDS

红歌海娜酿造出了很多世界顶级的葡萄酒，是全球种植最多的葡萄品种之一，它在不同的国家和地区有不同的名字：在法国被称为"*Grenache*"，在西班牙被称为"*Garnacha*"，在巴斯克地区被称为"*Garnatxa*"，在意大利的撒丁岛被称为"*Canonnau*"。但是，歌海娜的国际地位和关注度却不如其他的国际葡萄品种。2009年，一些歌海娜的爱好者将每年九月的第三个星期五定为"世界歌海娜日"，来推广歌海娜这个品种，提高歌海娜的认知度。

歌海娜的爱好者们为什么要开始做这些推广活动呢？一方面，虽然对于一些全球热门的葡萄酒产区（比如法国、西班牙、意大利以及新世界葡萄酒国家的澳大利亚和美国的加利福尼亚）来说，歌海娜这个葡萄品种非常重要，但是它的种植量却在下降。歌海娜的种植量下降是不合常理的。歌海娜在炎热干旱的环境里也能够酿造出顶级的红葡萄酒，在一些高温的地区，很多葡萄品种不适合种植（随着全球变暖，未来很多葡萄品种可能不再适合种植），而歌海娜能酿出令人惊艳的红葡萄酒。歌海娜的酸度相对较低，非常适合在配餐时饮用。这听起来有点不可思议？当然，歌海娜也不是完美的。首先，你要小心它的酒精含量，歌海娜作为晚熟的葡萄品种，在成熟的过程中含糖量（在发酵时转变成酒精）会逐渐增加。采收前，葡萄的单宁含量也会增加，因此以歌海娜为主要品种的葡萄酒在饮用前需要更长的瓶储时间来柔化单宁。歌海娜有很多款经典的混酿葡萄酒，它适合与其他的葡萄品种混酿，尤其是西拉/设拉子与慕合怀特，这就是在酒标上常见的GSM（G-歌海娜，S-西拉/设拉子，M-慕合怀特）。最适合与歌海娜混酿的三个葡萄品种是慕合怀特、佳丽酿和神索。

慕合怀特（*MOURVÈDRE/MONASTRELL/MATARO*）

慕合怀特适合在夏季温暖且冬天不会过度寒冷的环境里生长。虽然澳大利亚的酿酒师喜欢在GSM中加入慕合怀特，但在地中海以外的地区很少种植慕合怀特。慕合怀特作为单一品种酿造出的葡萄酒，具有丰富的果香，浓郁饱满。作为GSM的混酿品种时，能够为葡萄酒中增加单宁含量、甜美浓郁的黑加仑风味以及酒精度。

佳丽酿（*CARIGNAN/CARIGNANO/CARIÑENA/MAZUELO*）

佳丽酿这个品种现在并不流行，虽然它能够增加红葡萄酒中的酸度和颜色，但在混酿葡萄酒中很少使用。佳丽酿可以作为单一品种酿造出芬芳馥郁的葡萄酒，尤其在法国南部表现最好，一般使用灌木型修剪的老藤，能够增加葡萄酒风味的复杂度，所以现在"灌木型树型"也是葡萄酒标上的常见词汇。摩洛哥和以色列也种植佳丽酿，这是两个非常值得期待的产区。

神索（*CINSAULT/CINSAUT*）

在经历过一段蓬勃的发展之后，神索开始成为今日之星。现在，神索在南非很受欢迎，一般与赤霞珠等葡萄混酿，生产多汁、简单易饮的南非红葡萄酒。

【 葡萄酒产区，葡萄品种&风味 】

法国

● 罗纳河谷

罗纳河谷产区从里昂一直延伸到亚维农，在葡萄酒地图上被分为两部分。在北罗纳河谷，西拉/设拉子是唯一的法定红葡萄品种，而南罗纳河谷的红葡萄酒基本都是混酿。

● 教皇新堡、吉恭达斯、瓦给拉斯&罗纳河谷

歌海娜、西拉/设拉子、慕合怀特、神索

歌海娜是南罗纳河谷最重要的葡萄品种，尤其在教皇新堡等著名的葡萄酒产区，生产饱满浓郁、具有泥土气息的红葡萄酒，需要陈酿8年左右才能达到最好的饮用状态。令人吃惊的是，教皇新堡的产量非常大，相当于整个北罗纳河谷产区的葡萄酒总量，尤其是它的土壤非常有名。教皇新堡的土壤表面有光滑的红色鹅卵石，有利于储存热量，出产的葡萄果实更加成熟。教皇新堡的葡萄酒可以由18种不同的葡萄酿成，但每个酒庄都通过自己独特的混酿配方酿造出教皇新堡颜色深、风味浓郁、高单宁的风格。吉恭达斯位于教皇新堡的东北部，生产的葡萄酒中含有80%以上的歌海娜。像教皇新堡一样，这些葡萄酒不适合新鲜饮用，需要陈酿5~10年才能达到最佳试饮期。吉恭达斯的葡萄酒颜色深，风味浓郁，口感丝滑柔和，具有黑色水果和胡椒的风味。但是在吉恭达斯，你也可以喝到美味浓郁的干型桃红葡萄酒。瓦给拉斯是一个新兴的葡萄酒产区。它位于教皇新堡和吉恭达斯之间，生产白葡萄酒、桃红葡萄酒和以歌海娜混酿为主的红葡萄酒。这些红葡萄酒浓郁饱满，具有黑加仑和芳草的风味，还常常带有黑胡椒的气息。在瓦给拉斯产区，歌海娜主要与西拉/设拉子进行混酿。罗纳河谷大区级是罗纳河谷大区级别的葡萄酒。它风格多样，适合搭配各种食物，是餐厅酒单上最常见的酒款之一。罗纳河谷村庄级葡萄酒品质更高，至少含有40%的歌海娜。罗纳河谷村庄级的葡萄酒具有黑加仑、李子的风味，适合新鲜饮用，是非常可口怡人的红葡萄酒。

✖ 你知道吗？

你可能也喝过教皇新堡的白葡萄酒。虽然它不如教皇新堡的红葡萄酒那么常见，但在市场上越来越受欢迎。教皇新堡的白葡萄酒主要由这几种葡萄混酿而成：白歌海娜、克莱雷、瑚珊、布布兰克和琵卡丹。

- **朗格多克—鲁西荣**

歌海娜、西拉/设拉子、慕合怀特、佳丽酿

这个产区的红葡萄酒美味多汁，而且在过去的20年里，品质具有明显的改善。虽然西拉是这里最重要的葡萄品种，但歌海娜也有很大的产量。当地的生产商正在尝试西拉和歌海娜混酿葡萄酒。在餐厅点酒时，朗格多克—鲁西荣混酿葡萄酒一直是我的首选。顶级的歌海娜混酿葡萄酒不仅具有浓郁的黑色水果风味，单宁含量低，还有当地种植的木本香草的风味，尤其是百里香。卡塔朗产区、科尔比埃产区、福日尔产区、菲图产区、米内瓦产区和圣希尼昂产区特别值得关注。

- **塔维勒**

歌海娜是塔维勒产区非常重要的葡萄品种，多用来酿造辛辣、优质的干型桃红葡萄酒（参见144~151页）。

西班牙

- **里奥哈&纳瓦拉**

歌海娜、丹魄

在西班牙最著名的里奥哈产区，歌海娜是最重要的葡萄品种。对于大多数里奥哈红葡萄酒而言，歌海娜（并不是含量最多的品种）和丹魄是最重要的成分。浓郁的红色水果风味中带有白胡椒、芳草和辛辣的味道，入口有香草和巧克力的味道，深受消费者喜欢。下里奥哈是里奥哈三个子产区中最东端的葡萄酒产区，离海洋最远，气候炎热，歌海娜是当地非常重要的葡萄品种。纳瓦拉产区临近里奥哈，红葡萄酒品质出色，它的风格类似于里奥哈红葡萄酒，但是价格相对便宜。然而，纳瓦拉产区却以歌海娜酿造的桃红葡萄酒而出名。

● 普里奥拉托

佳丽酿、歌海娜、西拉/设拉子

普里奥拉托位于巴塞罗那东南边的加泰罗尼亚产区，它的成功是一个葡萄酒产区复兴的励志故事。普里奥拉托是一个繁华富有的葡萄酒产区，这里是除里奥哈外唯一被授予西班牙葡萄酒最高等级*DOCa*的产区。在这里，歌海娜与佳丽酿混酿而成的葡萄酒是品质最好的，这尤其得益于当地特殊的板岩土壤，也被称为"力克瑞拉"。普里奥拉托的红葡萄酒具有浓郁的黑色水果、甘草和一丝巧克力的风味。它们价格昂贵，而且不适宜新鲜饮用，至少需要陈酿8年才能到适饮期。

意大利

卡诺娜、卡里纳罗

撒丁岛是意大利唯一种植卡诺娜（即歌海娜）的葡萄酒产区，甚至有人认为这里才是它的发源地。撒丁岛既有卡诺娜单一品种酿造的干型或甜型的葡萄酒，也有它与卡里纳罗混酿的葡萄酒。干型的葡萄酒浓郁饱满，具有果酱的风味，而且这里气候炎热，葡萄酒的酒精度很容易达到15%（酒精的体积分数）。如果你正在吃烤肉，那么撒丁岛浓郁、具有乡土特色的卡诺娜葡萄酒是最好的选择。

美国

在加利福尼亚和华盛顿，浓郁辛辣、口感丰富的歌海娜混酿葡萄酒风头正劲。这些混酿葡萄酒的口感比加利福尼亚便宜的歌海娜要丰富很多。优质的混酿葡萄酒具有浓郁的黑樱桃和甘草的风味，有点像教皇新堡，但口感更加饱满。

澳大利亚

歌海娜、设拉子、马塔罗

歌海娜现在是澳大利亚炙手可热的葡萄品种。它喜欢炎热干旱的环境，所以在澳大利亚可以大放异彩。当与其他葡萄品种混酿时，歌海娜可以表现出它最好的状态，尤其是设拉子和马塔罗，澳大利亚酿酒师非常推崇GSM的混酿风格。南澳盛产歌海娜和它的混酿葡萄酒，麦克拉仑谷、巴罗萨谷和兰好乐溪酿造浓郁风格的GSM葡萄酒。

以色列
歌海娜、西拉/设拉子、慕合怀特、佳丽酿
以色列的葡萄酒市场正发生着缓慢而令人期待的变化。很多有前瞻性的酿酒商看到了歌海娜以及它的混酿品种的发展潜力，它比波尔多的葡萄品种更适合在以色列种植。这些葡萄酒的口感丰富，具有肉味和烟熏香料的风味。

法国教皇新堡的葡萄园

西班牙红葡萄酒
SPANISH REDS

在西班牙葡萄酒中，如果你只选择里奥哈，一定会错过很多惊喜。这并不代表里奥哈葡萄酒不好，只是西班牙有如此多的美酒，如果只关注这一种风格就太可惜了。像其他旧世界葡萄酒国家一样，近几年来，西班牙葡萄酒的品质也有明显的提高。虽然西班牙葡萄酒的产量很高，但有一些酒的品质并不高。就像意大利一样，现在西班牙更关注葡萄酒的品质而不是产量，这对葡萄酒爱好者来说是非常有益的。

在西班牙红葡萄酒品质的提升上，有几个现代化的方法：调整混酿葡萄的品种（但并没有颠覆认知）；对于一些被忽视的葡萄品种和产区，积极开发，挖掘它们的潜力；采用新兴的技术，酿造出更优质的红葡萄酒，而不仅仅是依靠橡木桶获得风味。

葡萄的种植也有一定的技巧。在西班牙主要考虑海拔的因素，因为大部分地区土壤温度过高，不利于葡萄的生长。现在，越来越多的葡萄树种植在高海拔地区，这里气候相对凉爽，酿造出的葡萄酒口感清新，酒精度不高。

丹魄（*TEMPRANILLO*）
丹魄是西班牙和葡萄牙最重要的红葡萄品种，它现在是新世界葡萄酒国家热门葡萄产区中最流行的红葡萄品种之一。丹魄适合在炎热干旱的环境中生长。葡萄树在吸收热量的同时并没有积累过多糖分，所以酒精度没有歌海娜高。与果香浓郁的歌海娜以及其他红葡萄品种相比，丹魄具有更多的皮革、香料的风味。丹魄还具有明显的泥土风味，酸度不高，一般口感醇厚而非清爽型的。丹魄非常适合用来做混酿葡萄酒，如果酿酒师想要提高丹魄的酸度，可以与其他的葡萄品种进行混酿。

以前，西班牙的丹魄葡萄酒使用美国橡木桶，所以它具有标志性的香草风味，很容易与其他酒款区分。但现在因为某些原因，这种区分并不容易：首先丹魄在全球范围内都有种植；西班牙其他产区的葡萄酒比里奥哈更容易买到；而且丹魄使用的橡木桶发生了变化——酒庄更喜欢用法国橡木桶，它比在美国橡木桶中存放的时间更短，效率更高。

里奥哈（RIOJA）

里奥哈位于西班牙中北部，如果你是个美食爱好者，可能会把它归到圣塞瓦斯蒂安以南，但对于许多人来说，里奥哈是西班牙红葡萄酒的中心，丹魄是当地最重要的葡萄品种。在20世纪70年代，里奥哈产区的葡萄酒美味怡人，风靡一时。但从那以后，葡萄酒的品质就像坐过山车一般，风格大变。在20世纪80~90年代，人们更加重视葡萄酒的品质而不是数量，开始推崇法国橡木桶，减少了丹魄在橡木桶中陈酿的时间。这种酿造技术的改变被称为"现代里奥哈工艺"，但这并不意味着改变后酿造出的葡萄酒品质更高。现在，里奥哈产区的风格再一次发生了改变，开始突出里奥哈红葡萄酒的特性。虽然使用了现代的技术，但在一定程度上重新回到了旧的方法。无论是用现代的技术还是以前的酿造方法，加入丹魄的里奥哈红葡萄酒，口感丝滑柔顺，具有皮革和烟草的风味。

里奥哈的三个子产区（上里奥哈、阿拉维萨和下里奥哈）都种植丹魄，但下里奥哈位于最东边，气候也是三个子产区中最炎热的，主要种植歌海娜（参见56~63页）。在里奥哈，丹魄占据了2/3的种植面积，经常与其他品种混酿，最常见的混酿品种是歌海娜，其次还有马士罗、莫纳斯特雷尔。

纳瓦拉（*NAVARRA*）

与邻区里奥哈相似，虽然歌海娜才是当地最重要的葡萄品种，但在混酿红葡萄酒中，丹魄是重要的葡萄品种。这里的葡萄酒与里奥哈的红葡萄酒风格相似，具有皮革、香料和烟草的风味，但风格一般比较清淡。

加泰罗尼亚（*CATALONIA*）

虽然在加泰罗尼亚也有很多像赤霞珠之类的国际葡萄品种，但丹魄是这里最重要的葡萄品种之一。

瓦尔德佩涅斯（*VALDEPEÑAS*）

瓦尔德佩涅斯位于西班牙中南部的炎热地带，这里的红葡萄酒正在复兴。丹魄在当地又被称为"*Cencibel*"，酿造出的葡萄酒丝滑细腻，具有轻微的烟熏味。虽然现在处于发展初期，但这里确实值得关注。

杜埃罗河岸（*Ribera del Duero*）

这里的葡萄酒属于现代风格。杜埃罗河岸（*Ribera del Duero*，简写成"*Ribera*"）从20世纪90年代开始成为知名的葡萄酒产区，这主要得益于丹

⚔ 不是所有的丹魄都来自西班牙

丹魄适合种植在炎热的环境中。在葡萄牙、美国和澳大利亚这些气候炎热的国家，丹魄也具有令人惊艳的品质。在葡萄牙的不同产区，丹魄又有"罗丽红""阿拉歌斯"等不同的称呼。

魄。在当地，丹魄还有其他名字，"*Tinto Fino*"和"*Tinto del País*"是比较常见的两个。

杜埃罗河岸的丹魄葡萄酒与里奥哈的截然不同，它具有更多的果香，浓郁而集中，香气怡人。除了浓郁的果味外，葡萄酒口感也更加清新爽脆。杜埃罗河岸更靠近内陆，夜晚凉爽，有利于葡萄果实缓慢积累更多的风味物质。这些葡萄酒具有很强的陈酿潜力，一些顶级的葡萄酒至少需要陈酿10年才能达到试饮期。

当地最具代表性的酒款有桃乐丝酒庄精选星空红葡萄酒、天使之堤、宝石翠酒园以及西班牙顶级的名庄贝加西西里亚出产的膜拜酒。贝加西西里亚的酒款由丹魄、赤霞珠和梅洛等波尔多品种混酿而成。尤尼科干红葡萄酒是贝加西西里亚的旗舰酒款，价格昂贵。尤尼科干红葡萄酒主要由丹魄酿造而成，至少陈酿10年后才会上市售卖。

博巴尔（*BOBAL*）

西班牙第二大红葡萄品种，虽然它在国际上还未流行，却是葡萄酒界冉冉升起的明日之星。博巴尔过去主要用于生产散装酒，给人留下了廉价低质的印象，但现在它主要种植在高海拔地区，酿造出的葡萄酒非常清新。现在高品质的博巴尔红葡萄酒具有李子的风味，口感顺滑而丰富，酸度活泼，适合新鲜饮用。博巴尔活泼充满果香，现在经常被用来酿造桃红葡萄酒。

🍴 与产区同名葡萄酒

像欧洲其他产区的命名规则一样，西班牙通常使用葡萄酒产区的名字给葡萄酒命名，而不是酿造葡萄酒的葡萄品种。比如里奥哈、杜罗河、托罗、纳瓦拉产区等。

博巴尔主要种植在以西班牙中部向瓦伦西亚延伸的地区，比如曼确拉、乌迭尔-雷格纳以及瓦伦西亚葡萄酒产区（不要跟城市混淆了）。如果有机会，你可以试一下彭斯酒庄酿造的博巴尔葡萄酒。

门西亚（*MENCÍA*）

门西亚葡萄酿造的葡萄酒具有特殊的风格特点，一般不使用橡木桶，也不与其他品种混酿。它主要种植在西班牙的西北部，具有成熟的果香，浓郁集中，无论酿造什么类型的葡萄酒，都非常美味。

种植门西亚的葡萄酒产区有萨克拉河岸、蒙特雷依、瓦尔德奥拉斯。在瓦尔德奥拉斯产区，还有一种美味怡人的白葡萄品种——格德约。其中，比埃尔索是门西亚最热门的产区。这里出产的门西亚葡萄酒花香馥郁，一些顶级的门西亚葡萄酒还具有多汁的甜菜风味。帕拉西奥是普里奥拉托产区著名的生产商，它在比埃尔索产区也有葡萄园，酿造了很多西班牙的顶级葡萄酒款。虽然佩娜斯酒庄和劳尔·佩雷斯酒庄的名气不大，但它们酿造的门西亚葡萄酒令人惊艳。

格拉西亚诺（*GRACIANO*）

格拉西亚诺葡萄酒具有馥郁的花香和清新的酸度，在消费市场上越来越受欢迎。它具有优质的单宁，能够增加里奥哈葡萄酒的陈酿潜力。

国际葡萄品种

在西班牙红酒中发现国际葡萄品种并非完全闻所未闻，比如里奥哈葡萄园中的赤霞珠。

意大利红葡萄酒
ITALIAN REDS

意大利的葡萄酒具有典型的风味特性。虽然我在工作时对葡萄酒的态度非常客观理性，但私下里对意大利葡萄酒却格外偏爱。所以，圣诞节时从开场喝的起泡酒到结束时用的甜酒都是意大利的。本节主要介绍意大利的红葡萄酒，其种类非常丰富。当地独具个性的葡萄品种是意大利葡萄酒的特点之一，也塑造了意大利红葡萄酒美味别致而又与众不同的风格特点。

内比奥罗（*NEBBIOLO*）
皮埃蒙特产区的巴罗洛&巴巴莱斯科

内比奥罗是意大利葡萄酒皇冠上的明珠，酿造出了极具魅力的红葡萄酒。它的典型特点是香气浓郁，就像在碾碎的黑胡椒中加入了几颗酸樱桃，主要种植在意大利东北部的皮埃蒙特。在巴罗洛村和巴巴莱斯科（也是葡萄酒的名字）两个村庄酿造出的红葡萄酒愉悦而迷人。巴罗洛葡萄酒具有更多的肉类风味，而巴巴莱斯科更加清爽活泼。这两种葡萄酒的单宁含量都很高，不适合新鲜饮用，一般需要10年左右的陈酿时间才能达到试饮期。陈酿后他们的风味非常惊艳，以至于过早饮用会有暴殄天物的负罪感。

巴贝拉（*BARBERA*）
皮埃蒙特

巴贝拉也是皮埃蒙特产区独具特色的红葡萄品种，当然在意大利的其他地区也有种植，但其他产区的种植量非常少。巴贝拉酿造的葡萄酒通常以它的产区来命名，最有名的是巴贝拉阿斯蒂和巴贝拉阿尔巴。在这两款葡萄酒中，巴贝拉阿斯蒂产区名气更大，但巴贝拉阿尔巴价格更高。巴贝拉有点像内比奥罗，既可以酿造出简单易饮，具有浓郁的樱桃、覆盆子风味类型的红葡萄酒，也可以酿造出圆润饱满的风格类型。孔特诺和凡蒂诺酒庄酿造的巴贝拉葡萄酒非常惊艳。

桑娇维塞（*SANGIOVESE*）

基安蒂、托斯卡纳等意大利葡萄酒产区

桑娇维塞以及它的变种（桑娇维塞突变后的品种）遍及意大利的各个葡萄酒产区。但桑娇维塞最著名的葡萄酒产区是托斯卡纳，尤其是它的子产区基安蒂，当地出产的桑娇维塞葡萄酒也以基安蒂命名。

基安蒂产区又被划分为几个小产区，其中古典基安蒂产区被认为是品质最高的，价格一般也比普通基安蒂要高一些。基安蒂的葡萄酒具有很高的性价比，但这也不是绝对的，由于人们过于认可"基安蒂"这个名字，导致一些酒商投机取巧，生产的基安蒂葡萄酒并没有达到应有的水准。优质的基安蒂葡萄酒具有浓郁的樱桃风味，一般还带有马铃薯和牛至的香气。基安蒂可以搭配各种各样的食物，在全球具有很高的知名度，所以在餐厅的酒单上很常见。

布鲁奈罗（*BRUNELLO*）

托斯卡纳的蒙塔希诺

还记得我提到过的桑娇维塞的变种吗？布鲁奈罗就是一个很好的例子。蒙塔希诺产区也位于托斯卡纳，它的布鲁奈罗蒙塔希诺葡萄酒有点像基安蒂葡萄酒的加强版。这些葡萄酒年轻时，酒体更加饱满浓郁，强劲的单宁结实耐嚼，需要几年的时间陈酿柔化。你想要一款来自蒙塔希诺产区的便宜、能够新鲜饮用而且美味的红葡萄酒吗？可以尝试一下罗素蒙塔希诺红葡萄酒。

蒙特布查诺（*MONTEPULCIANO*）
阿布鲁佐

阿布鲁佐的蒙特布查诺葡萄酒具有浓郁的樱桃风味，美味多汁，单宁含量低。它虽然没有陈酿潜力，但确是酒单上必不可少的酒款。

普里米蒂沃（*PRIMITIVO*）
普利亚

普里米蒂沃的葡萄皮颜色非常深，酿制的葡萄酒具有甘草的香气和浓郁集中的樱桃味，具有丰富而饱满的风味。但有一点需要注意，它的酒精度可能很高。曾经有一个酿酒师对我说过，"如果普里米蒂沃的酒精度低于15%，它的口感和风味会不平衡"，虽然我不完全赞同这一说法，但是也会注意。

黑珍珠&马斯卡斯奈莱洛（*NERO D'AVOLA & NERELLO MASCALESE*）
西西里岛

黑珍珠这个品种一般用来酿造日常餐酒。它具有鲜明的特点，可以为混酿葡萄酒带入清新、浓郁的黑色水果风味，并且有一点孜然和辣椒粉的风味。

虽然马斯卡斯奈莱洛葡萄刚开始在全球市场上崭露头角，但它杰出的品质已经声名远扬，改变了人们过去对西西里岛葡萄酒高产量、低品质的印象。虽然酒标上不一定会标注葡萄品质，但如果你喝到"埃纳特红葡萄酒"，可以肯定它是以马斯卡斯奈莱洛葡萄为主的混酿葡萄酒。它也经常与品质略低的修士奈莱洛葡萄一起混酿。埃纳特红葡萄酒具有怡人而柔和的覆盆子风味，像内比奥罗和黑皮诺的结合体。

超级托斯卡纳（*SUPER TUSCANS*）

首先介绍一下超级托斯卡纳的历史，它是脱离意大利葡萄酒酿造规则的一款葡萄酒。20世纪60年代，很多生产商开始尝试使用产地以外的葡萄品种，比如用国际品种赤霞珠和梅洛等来酿造顶级的葡萄酒。这就意味着无论这些葡萄酒的品质有多高，都不能被授予意大利葡萄酒最高的DOCG等级。但先驱酿酒商并不在意这些，消费者没有因此而看轻它，超级托斯卡纳反而因为突破常规的酿造方法，名声和受欢迎度与日俱增。西施佳雅、奥纳雅和天娜是最有名的超级托斯卡纳葡萄酒，口感丰富而浓郁，既有赤霞珠和梅洛的品种特性，又融入了意大利独特的葡萄酒风格。这些葡萄酒都是教科书般的顶级酒款，产量小，价值不菲。

科维纳、莫利纳拉&罗蒂内拉（*CORVINA, MOLINARA & RONDINELLA*）
威尼托

瓦坡里切拉是威尼托最知名的红葡萄酒，口感清新爽脆，具有樱桃和杏仁糖的风味。它是由当地特有的葡萄品种科维纳、莫利纳拉和罗蒂内拉混酿而成的。一般认为科维纳是三个品种中品质最高的也是最重要的，具有鲜明的品种特性。阿玛罗尼瓦坡里切拉，一般简称为阿玛罗尼，它的酿造工艺有点特殊，葡萄晒干后，蒸发水分，葡萄中的糖分浓缩。与瓦坡里切拉相比，其口感更加浓郁，具有葡萄干而不是樱桃的风味，含糖量升高也意味着葡萄酒具有更高的酒精度。其实，相关规定要求阿玛罗尼的酒精度至少要达到14%。

以意大利产区命名的红葡萄酒

像欧洲的其他国家一样,意大利通常用产区而不是葡萄品种来命名不同风格的葡萄酒。但有些葡萄酒的名字结合了产区和葡萄品种,比如巴贝拉系列的葡萄酒,巴贝拉阿斯蒂和巴贝拉阿尔巴。意大利白葡萄酒的命名则不同,主要用来突出葡萄品种,有些也会加上产区的名字。下面这些酒款需要特别留心,希望它可以帮你识别意大利红葡萄酒的主要成分。

产区&葡萄风格	葡萄品种
巴罗洛	内比奥罗
巴巴莱斯科	内比奥罗
基安蒂	桑娇维赛
埃特纳（红葡萄酒）	马斯卡斯奈莱洛、修士奈莱洛
瓦波里切拉	科维纳、莫利纳拉、罗蒂内拉

托斯卡纳大区,蒙塔奇诺产区的葡萄园

产区特色红葡萄酒
FLAGSHIP REDS

除了前文介绍的红葡萄酒的风格，某些产区还有自己的旗舰款品种，酿造出独具特色的酒款风格。下面，我简单地介绍几种重要的葡萄品种和葡萄酒。

仙粉黛（*ZINFANDEL*）
加利福尼亚

讨论仙粉黛的产地和起源就像在看"杰瑞·斯布林格秀"，有索赔、有反索赔，还有混乱和分歧。现在，这些已经有定论了。仙粉黛和普利亚的普里米蒂沃是同一个葡萄品种，但它实际上起源于克罗地亚的达尔马提亚海岸。

但是仙粉黛的名气不只是因为它备受争议的起源。在加利福尼亚，仙粉黛酿造的桃红葡萄酒令人惊艳。白仙粉黛或者桃红仙粉黛是非常成功的桃红葡萄酒，也因此让很多人误以为桃红葡萄酒都是甜型的。

仙粉黛干红葡萄酒备受瞩目，其风格浓郁强劲。雷文斯伍德酒庄是加利福尼亚非常有名的仙粉黛生产商，从它的标语"没有柔弱的葡萄酒"中，就可以看出仙粉黛葡萄酒强劲的风格。辛辣的红色水果风味中夹杂着皮革和甘草的香气，当地有名的仙粉黛生产商有雷文斯伍德酒庄、喜格士酒庄和戴利酒庄。

皮诺塔吉（*PINOTAGE*）

南非

皮诺塔吉是一个杂交品种，现在被认为是南非标志性的红葡萄品种。它诞生于20世纪早期的斯特兰德，是黑皮诺和神索的杂交品种。神索在南非又被称为"埃米塔日"，所以取了黑皮诺（*Pinot Noir*）中的"*pinot*"和埃米塔日（*Hermitage*）的"*tage*"，就有了"皮诺塔吉"（*Pinotage*）这个名字。皮诺塔吉酿造的葡萄酒具有浓郁的肉味、烟熏味，高单宁，风格强劲。它非常适合搭配烧烤一起饮用，尤其是烤肉（红肉类），但也有一些争议，因为有时皮诺塔吉会有烧焦的橡胶味。但是，近几年来，皮诺塔吉的品质在不断提高，我上次在南非品鉴了几种不同风格的皮诺塔吉，都是我近几年来喝过的最好的。如果你有机会能买到南非的皮诺塔吉，一定要试一下贝林翰酒庄和古特康斯坦提亚酒庄的酒。

最近，一些生产商在皮诺塔吉红葡萄酒中增添了咖啡和巧克力的风味（通过橡木桶获得），并为这些葡萄酒取名为咖啡师（*Barista*）或者卡布皮诺塔吉（*Cuppapinoccinotage*），引起了广泛争议。

佳美娜（*CARMENÈRE*）

智利

在过去很长一段时间里，智利的佳美娜都被误认为是梅洛，它也因为身份问题而备受瞩目。虽然智利葡萄酒是因为被误认为梅洛的佳美娜而大受欢迎，但现在人们仍然会选择饮用梅洛，而不是佳美娜。这一点非常令人不解。

佳美娜虽然起源于波尔多，但它在波尔多基本已经灭绝了。在智利，佳美娜酿造出很多浓郁而美味的红葡萄酒。受环境温度的影响，佳美娜的风味可以从黑色水果的生青味转变为辛辣浓郁的巧克力味。提到智利的佳美娜，德马丁诺酒庄和干露侯爵都是很好的选择。

佳美（GAMAY）

法国博若来

佳美是酒柜里必备的葡萄酒款，它酿造出了世界上最多变的葡萄酒之一：博若来。有的博若来葡萄酒具有喷薄而出的多汁风格，有的具有泥土的气息，口感鲜美。

像法国的其他葡萄酒产区一样，博若来也有分级制度。入门款的博若来葡萄酒（风格）口感多汁，具有红色水果的风味，需要在上市后一年内饮用。博若来村庄级的葡萄酒，品质更高，可以存放3~4年，具有非常高的性价比。博若来特级园葡萄酒的酒标上有特级葡萄园（10个特级葡萄园，生产最优质的佳美葡萄酒）的名称，包括布鲁伊、福乐里、朱丽娜、墨贡和风磨坊等。这些葡萄酒品质惊艳，可以陈酿10年，一般在5~8年的时候达到最佳试饮期。"博若来新酒"是指那些发酵结束后不久即装瓶，在每年11月份上市售卖的博若来葡萄酒。它们不使用橡木桶，酒体轻盈，果香充沛。博若来葡萄酒果香清新奔放，单宁含量不高，非常适合配餐饮用。亨利费西酒庄、帝问酒庄、康科德酒庄和普利安酒庄是当地非常有名的几个酒商。

瑞士

在瑞士，法语区最受欢迎的葡萄酒是佳美，而德语区最喜欢黑皮诺。有时，这两种葡萄也可以一起混酿，尤其是在都勒（Dôle）葡萄酒中。瑞士气候

⚔ 为什么博若来葡萄酒如此美味多汁

博若来的佳美葡萄酒果香丰沛，但这并不完全来自葡萄本身，还与发酵的方式（二氧化碳浸渍法）有关。传统的发酵方式需要先将葡萄进行压榨，然后将葡萄汁转入大的发酵罐中进行发酵，而二氧化碳浸渍法在发酵前不进行压榨，保持葡萄颗粒的完整，对整串葡萄进行发酵。

凉爽，酿造出的佳美葡萄酒纯净、芬芳，具有覆盆子的风味，口感柔顺，适合新鲜饮用。

丹娜（TANNAT）
乌拉圭

丹娜葡萄的发源地并不是乌拉圭，但现在已经成为乌拉圭标志性的葡萄酒风格。正如它的名字所暗示的，丹娜是一款高单宁的葡萄酒，一般具有漂亮的酸度。法国西南部的马迪朗产区是丹娜的发源地，生产美味爽脆、具有矿物质风味、粗犷的红葡萄酒。与马迪朗的丹娜葡萄酒相比，乌拉圭得益于南美温暖的气候，因而酿造的葡萄酒更加柔和细腻，乌拉圭最好的丹娜葡萄酒除了抓口的单宁和清新的酸度之外，还具有丰沛的果味。德卢卡和华尼科是乌拉圭非常有名的两个酒商。

蓝佛朗克（BLAUFRÄNKISCH）
奥地利

蓝佛朗克是奥地利标志性的红葡萄品种，非常受欢迎。虽然我将它称作奥地利标志性的红葡萄品种，但茨威格才是当地种植最广的红葡萄品种。从20世纪80年代开始，蓝佛朗克的风格有了很大的提升，生产商开始增加橡木的使用，改变了它以往的风味特点。近几年来，蓝佛朗克在橡木桶的使用上更加谨慎，因为它要突出地域特色和葡萄品种本身的特点。它本身是一种清新爽口的红葡萄酒，但酸度不突兀，在温暖的年份也能保持清新的口感。我觉得蓝佛朗克经过几年的陈酿后会更加美味，但是很多生产商认为新鲜饮用口感更佳。蓝佛朗克的价格虽然不低，但却物有所值，尤其是沃切特—威斯勒酒庄、特里·鲍默酒庄、乌玛通酒庄和海因里希·格诺特&凯克酒庄生产的葡萄酒。

国产多瑞加（*TOURIGA NACIONAL*）

葡萄牙

国产多瑞加是波特酒最重要的红葡萄品种之一，但近几年来，许多葡萄牙顶级红葡萄酒用国产多瑞加作为主要品种，因此引起了市场上广泛的关注。国产多瑞加一般会与卡奥红或者多瑞加弗兰卡等葡萄牙本土的红葡萄品种混酿，使酒体更加丰满，国产多瑞加本身能够为浓郁的红葡萄酒中增加迷人的黑醋栗风味和花香。这些葡萄酒浓郁饱满，风味迷人，尤其是来自酒魂酒庄、飞鸟园和玛利亚酒庄的葡萄酒。

普拉瓦茨马里（*PLAVAC MALI*）

克罗地亚

虽然普拉瓦茨马里葡萄主要种植在克罗地亚达尔马提亚的南部、中部和一些岛屿上，但它喜欢炎热的环境。当地最好的葡萄酒是用南克拉斯山坡上的葡萄酿成的，那里日照充足，酿出的葡萄酒浓郁饱满、高单宁、高酒精度，酒精度有时甚至可以达到16%。作为一款风格强劲的红葡萄酒，口感浓郁而美味，有普拉瓦茨马里葡萄迷人而独特的个性，具有干草和花香，风味浓郁，入口有无花果、李子、巧克力和香草的味道。

阿吉欧吉提可（*AGIORGITIKO*）

希腊

阿吉欧吉提可是希腊种植最广泛的红葡萄品种，从果香馥郁的桃红葡萄酒到浓郁饱满、具有陈酿潜力的红葡萄酒，它可以酿造出各种风格的葡萄酒。这种葡萄最适合用来酿造口感辛辣浓郁、具有醋栗和甘草风味的红葡萄酒。尤其以伯罗奔尼撒半岛的尼米亚产区最为出名，盖亚酒庄是当地顶级的酒庄之一。

WHITE

白葡萄酒

白葡萄酒迷人的香气打开了我的心房，在丰富多彩的感官万花筒里开启了美妙的旅程。芳香型葡萄品种很容易做到这一点，但霞多丽和白诗南等中性葡萄品种则像红葡萄酒一样，通过口感上诱人的风味和舒适的质感来吸引你。

霞多丽
CHARDONNAY

葡萄品种的特点
耐嚼、风味集中、如奶油般的质感、优雅、清新、烟熏味、蜡质般

香气
苹果味、花香、青草味、草本的香气、坚果味、橡木桶味、烟熏味、烤面包

口感
培根、饼干、面包、黄油、焦糖、蜂蜜、柠檬、甜瓜、坚果、酥皮糕点、桃子、菠萝、香草

虽然霞多丽是让人爱恨交织的品种之一，但我相信总有一款霞多丽适合你。霞多丽起源于勃艮第，但却在全球广泛种植，而且口感和香气的可塑性很强，非常适合与其他品种混酿。无论你是否喜欢它，霞多丽都是世界上品质最高的白葡萄品种之一。

霞多丽是全球最受欢迎的葡萄之一，它属于中性葡萄品种，怡人的风味主要来自酿造过程，一般有两种方式可以提升它的风味：使用橡木桶或加入橡木片。

无论是使用橡木桶还是在葡萄酒中加入橡木片，霞多丽与橡木接触后，都会像海绵一样从橡木中不断吸取风味，所以酿酒师在生产霞多丽的过程中要谨慎选择橡木的类型。霞多丽可以在发酵过程中使用橡木，也可以在发酵结束后用橡木进行陈酿。那些钟爱橡木风味的酿酒师，在生产霞多丽时一般会同时使用这两种方法。

除了橡木之外，将酒液与酒泥接触一段时间，也可以增加霞多丽的风味。酒泥是发酵结束后酵母等物质的沉淀物，它们能够赋予葡萄酒面包和饼干的风味。酒泥对于霞多丽葡萄酒的口感非常重要，葡萄酒接触酒泥时间越长，口感越丰盈饱满。

【 葡萄酒产区&风味 】

原产地：法国勃艮第

虽然我花了很长时间才把勃艮第的白葡萄酒研究明白，但却非常值得。浓郁的黄油、烤面包和坚果的香气风格可能有点过时，但我现在已经爱上了这种风味。也许你第一次遇到时也不习惯，但千万不要因此就拒绝尝试。勃艮第的霞多丽风味复杂，而且具有很强的陈酿潜力。霞多丽是勃艮第有名的白葡萄品种，尤其是在南部的伯恩丘产区。

法国夏布利

关于夏布利是否属于勃艮第产区，一直存在较大的争议。理论上来说，它们在同一个区域，但是大家当提到勃艮第白葡萄酒时，一般不包括夏布利。因为地理位置和其他的一些风土差异，导致勃艮第白葡萄酒和夏布利的风格大不相同。夏布利产区位于勃艮第的北部，相比勃艮第其他地区，这里气候更加凉爽，酿造出的葡萄酒更加清脆。夏布利是指整个葡萄酒产区——夏布利镇，但它同时既是一种葡萄酒的等级，也是某种风格的葡萄酒的名字，所以有时人们会对夏布利这个单词感到困惑。按照等级从高到低的顺序，夏布利的白葡萄酒可以分为：夏布利特级园、夏布利一级园、夏布利和小夏布利。一般来说，夏布利特级园和夏布利一级园在酿造时会用橡木，而夏布利和小夏布利葡萄酒则不使用。在夏布利产区，慕拉德酒庄和文森特丹普是我最喜欢的两个葡萄酒生产商。

酒标的命名规则

勃艮第白葡萄酒按照品质从高到低的顺序，在酒标上依次标注：特级园、一级园、村庄级（如默尔索）、勃艮第大区级。

法国香槟

霞多丽是香槟产区最重要的葡萄品种。它是香槟产区的三大葡萄品种之一，也是三个当中唯一的白葡萄品种。霞多丽能够为香槟增加优雅的花香、清脆的口感和陈酿潜力。由单一品种霞多丽酿造的香槟被称为"白中白"，可以理解为"由白葡萄品种酿造的白葡萄酒"。白雪香槟、德乐梦和牧笛薄衣是我最喜欢的几款白中白香槟。

西班牙

霞多丽是酿造西班牙最著名的卡瓦起泡酒的重要葡萄品种。无论是与黑皮诺或者其他当地品种混酿，还是单一品种酿造，霞多丽的加入都提升了卡瓦起泡酒的品质。

英国

霞多丽在英国起泡酒中的重要性不亚于香槟产区。随着英国起泡酒在国际上知名度的增加，霞多丽的种植量也在扩大，尤其是英国南部海岸。市场上的英国起泡酒越来越多，汉普郡的科茨—西莉酒庄、威斯顿酒庄以及西萨塞克斯郡的尼丁博酒庄有非常惊艳的白中白起泡酒。

意大利的弗朗齐亚柯达

试一下弗朗齐亚柯达起泡酒。如果你喜欢香槟和意大利酒，那它绝对不会让你失望的，因为弗朗齐亚柯达是用香槟法酿造的意大利起泡酒。与香槟类似，弗朗齐亚柯达既是伦巴第子产区的名字，也是一种葡萄酒的名字。霞多

丽是弗朗齐亚柯达最受欢迎的葡萄品种。如果有机会，我建议你可以试一下
"Satèn"，它是弗朗齐亚柯达起泡酒中一种特殊的风格，有非常细腻的气
泡，清新爽脆，而且非常适合配餐，但除了意大利，其他地方很少能喝到。
简直不可思议！蒙特罗萨和贝拉维斯塔是我最喜欢的几个弗朗齐亚柯达的酿
酒商。在弗朗齐亚柯达产区用霞多丽酿造的静止葡萄酒被称为柯特弗朗卡，
口感非常鲜美。

澳大利亚

近几年来，澳大利亚的霞多丽品质有很大的提升，虽然它也使用橡木桶，但
改变了以往浓郁的橡木风格。现在澳大利亚的霞多丽以优雅为主，其中维多
利亚州的莫宁顿半岛是我最喜欢的产区之一，那里的霞多丽最为惊艳。当地
的雅碧湖酒庄是我非常喜欢的酿酒商。西澳产区也有非常出众的霞多丽，尤
其是乐思酒庄和云暴酒庄生产的葡萄酒。塔斯马尼亚产区气候凉爽，出产清
新迷人的霞多丽起泡酒。当地的简斯酒庄也生产出了非常讨喜的起泡酒。

新西兰

霞多丽一直是新西兰非常受欢迎的葡萄品种。新西兰清新的环境下酿造出的
霞多丽干净、爽脆，一般具有蜜瓜和苹果的风味。柔和是新西兰霞多丽葡萄
酒的特点之一。在新西兰，有些产区有更加丰富的霞多丽酿造经验，几乎所
有产区都非常看好它的潜力，我也是新西兰霞多丽的积极拥护者。库姆河酒
庄和飞腾酒庄的霞多丽是我非常喜欢的。

美国

如果你喜欢有烟熏味、烤面包和培根风味的霞多丽，可以试一下纳帕谷的霞
多丽，它生长在气候凉爽的索诺玛产区，但它风味精致、美味诱人。除了加
利福尼亚，华盛顿州也有风味迷人的霞多丽，浓郁的奶油风味中略带咸味。

长相思
SAUVIGNON BLANC

葡萄品种的特点
清新、芳草味、多汁、高酸、香气浓郁、爽脆

香气
花香、青草、草本、馥郁芬芳、清新

口感
芦笋、接骨木花、西柚、柠檬、酸橙、芒果、荨麻、百香果、豌豆、桃子、梨

虽然长相思起源于法国，但在新西兰才形成现在独树一帜的风格。20世纪80年代，新西兰进入国际葡萄酒市场，具有浓郁热带水果风味的长相思立刻引起了市场的关注。

近几年来，新西兰长相思备受追捧，以至于一些传统的长相思产区也开始模仿这种风格。长相思对生长环境的要求不高，且具有迷人的风味，因此无论种植在哪里，都是广受欢迎的酿酒葡萄品种，而且它可以酿造各种风格的葡萄酒：干型、甜型或者起泡酒。

【 葡萄酒产区&风味 】

原产地：法国卢瓦尔河谷
卢瓦尔河谷是著名的长相思产区普伊芙美和桑塞尔的所在地，你可能已经猜到了，普伊芙美和桑塞尔也是葡萄酒的名字。这些葡萄酒酸度活泼，具有草本植物和矿物质的风味。普伊芙美和桑塞尔是世界上最出名的长相思葡萄酒，因此在酒单上非常受欢迎。它们风味雅致，但有时价格过高。如果你想

你知道吗？

长相思是芳香型的葡萄品种，它也是红葡萄品种赤霞珠（参见34~41页）的亲本。长相思一般会与赛美蓉（参见104~109页）混酿，尤其是用来酿造一些甜型葡萄酒（参见164~169页）。

要一款好喝的卢瓦尔长相思，但不希望因为产地名气大而价格虚高，那么你可以试一下都兰的长相思。

法国波尔多

波尔多的长相思有两种风格。一种风格是酸度活泼、清爽的干型葡萄酒。这种葡萄可以酿造单一品种的长相思，但与赛美蓉混酿更为常见。这些干型白葡萄酒具有清新的柑橘和草本植物的风味，类似于卢瓦尔河谷的风格，但更加醇厚。另一种风格是甜型葡萄酒。这些甜型葡萄酒一般是长相思与赛美蓉或者与另外一种白葡萄品种密斯卡岱混酿而成的，具有蜂蜜、橘子酱和橙子蜜饯的风味。苏玳和巴萨克（也是葡萄酒的名字）的甜型葡萄酒最为出名。

新西兰

新西兰是"新生代"长相思的发源地，以前的长相思具有明显的百香果、芒果、菠萝等热带水果的风味，有时还有一点汗味。但近几年来，它的风格更加优雅。南岛的马尔堡产区是新西兰长相思的发源地，尤其是当地的云雾之湾酒庄，使得新西兰的长相思名声大噪。

虽然长相思是新西兰的标志性葡萄品种，在各个产区都有种植，但马尔堡产区始终是关注的焦点。虽然当地有很多优秀的酿酒商，但我最喜欢的新西兰长相思来自克拉吉酒庄和鲁道夫酒庄，它们都不在马尔堡产区。马尔堡本地的酿酒商，我比较推荐席尔森酒庄、太阳屋酒庄和多吉帕特酒庄。云雾之湾酒庄将新西兰长相思推向了世界的舞台，它也酿造具有橡木风味的长相思葡

萄酒，被称为"迪科科"（*Tekoko*），这种葡萄酒风格现在也非常流行。虽然这种风格的长相思也很受欢迎，但长相思清新活泼的品种特色并没有表现出来，它一般具有烟熏味和泥土味，橡木的香气减弱了奔放的果香，非常适合配餐。加利福尼亚的蒙大菲酒庄和法拉利卡诺酒庄是顶级的"白富美"生产商。

美国

美国在长相思的发展史上留下了浓墨重彩的一笔，它在长相思的酿造中使用了橡木桶（参见55页）。这种橡木桶风格的长相思被称为"白富美"，一般会在美国葡萄酒中出现。虽然现在它仍然是非常小众的风格，但这种葡萄酒的销量在全球范围内正逐渐增长。

智利

智利在不断提升葡萄酒品质，现在酿造出的长相思葡萄酒非常惊艳。如果你想要智利最好的长相思，可以关注一下沿海产区，比如著名的白葡萄酒产区卡萨布兰卡，这里酿造出了很多智利顶级的白葡萄酒。现在，智利的葡萄酒最让人惊喜的是那些新兴产区，比如利马里谷和一个叫作帕拉多斯的小产区。它们酿造的长相思味美多汁，具有清新的葡萄柚香气，因为葡萄园靠近海洋，还有一点咸咸的味道。在这些新兴产区里，令人惊艳的长相思数不胜数，其中我最喜欢席尔瓦酒庄的冷岸和安杜拉加酒庄的风土猎人。

✖ 新趋势

现在，一些卢瓦尔河的酿酒商也开始模仿新西兰长相思的风格，突出浓郁的热带水果风味，并在酒标上设计一些与新西兰相关的图片和文字。

南非

南非的长相思是介于卢瓦尔河长相思的雅致和南半球的热带水果风味之间的一种风格，我这样说并不是为了让它们感激我。根据以往的品鉴经历，这是比较客观的评价。我最喜欢的产区是什么？埃尔金。当地的埃奥娜酒庄生产了很多令人惊艳的长相思葡萄酒。此外，位于另一个产区的德班维尔山酒庄也生产清爽美味的长相思葡萄酒。

澳大利亚

长相思在澳大利亚广泛种植，但最出名的还是它与赛美蓉的混酿葡萄酒。长相思喜欢凉爽的气候，所以产区对风格的影响很大，像南澳的阿德莱德就比澳大利亚炎热的产区更适合种植长相思。

甜型葡萄酒的酿造工艺

葡萄果实感染贵腐菌后可以酿成甜型葡萄酒，比如苏玳贵腐甜酒。菌丝穿过葡萄果皮，导致水分透过孔隙蒸发，葡萄果实内的糖分浓度增加。

有机葡萄酒、生物动力法和自然酒

什么是有机葡萄酒

有机葡萄酒是指从葡萄的种植到酿造出的葡萄酒，所有环节都是采用有机的方式。根据标准，禁止在葡萄园中使用化学合成化肥、杀虫剂和除草剂，以及限制防腐剂硫的用量。经过3年的有机实践之后，葡萄酒商可以向欧盟国际生态认证中心等官方机构申请有机认证。有机葡萄酒的标志在2012年才开始出现使用。在此之前，只能被描述为用"有机的葡萄"酿造而成的葡萄酒。

有机葡萄酒从哪里来

在温暖干旱的环境里，葡萄患病率低，生长过程中基本不需要使用化学方法，所以最适合生产有机葡萄。

没有经过认证的葡萄酒可能是有机葡萄酒吗

有可能。很多酿酒商虽然遵守有机葡萄酒的酿造标准，但却没有向官方机构申请有机认证。

有机葡萄酒和生物动力法酿造的葡萄酒有什么区别

消费者经常会混淆这两种葡萄酒，因为法语中有机葡萄酒经常用"bio"（biologique的简称）表示，而生物动力法被称为"biodynamie"，两个单词非常相近。

但是生物动力法和有机的方式完全不同，生物动力法更注重精神，使用这种方法的酒商将其视为一种哲学，而不是某种具体的操作规范。生产商在用生物动力法酿酒时非常尊重环境，所以整个生产体系对环境是健康而和谐的，其中最著名的就是尊重宇宙对生长环境的影响，比如月亮和星星的位置会影响生产，一年当中不同的时间甚至每天不同的时刻也会对其产生不同的影响。

如果一个酒庄能够被证实使用了生物动力法，也可以向德米特等官方机构申请认证。

什么是自然酒

现代葡萄酒风格的同质化逐渐明显，自然酒代表了过去10年里葡萄酒发展的趋势。自然酒的生产商认为，如果葡萄酒在生产过程中"被净化"，那么全球的葡萄酒风格会越来越相似。

然而，自然酒并没有一个严谨的定义，每个人对自然酒都有不同的理解。这其实是一种酿造方法的统称，"自然程度"的多少，每个酒庄有所不同。但从本质上来说，自然酒需要尽可能地减少人工干扰，使用天然酵母和有机葡萄。硫是自然酒争论的关键因素之一，如果不添加硫，葡萄酒的保质期会很短；氧化速度加快，颜色会发生改变，有时还会产生醋味。

什么是公平贸易葡萄酒

公平贸易倡导可持续发展，为发展中国家的工人提供舒适的工作环境，最终提高人们的生活品质。它还包括贸易中合理的价格，绝对不能低于市场价。

白诗南
CHENIN BLANC

葡萄品种的特点
醇厚、奶油般的质感、干型、清新、浓郁、甜型、蜡质般的

香气
花香、草本的、橡木风味

口感
苹果、杏、饼干、奶油、蜂蜜、柠檬、甜瓜、蘑菇、坚果、桃子、梨

如果你刚接触葡萄酒，那可能对白诗南这个品种并不心动。因为当我向别人推荐白诗南的时候，经常会被回复"有什么特别吗？"但请你一定要尝试一下，虽然白诗南看起来并不惊艳，但的确具有独特的风格魅力。

白诗南是一个多面的葡萄品种，可以酿造出口感丰富的葡萄酒。同为中性白葡萄品种，看起来与霞多丽有点相似。不像女士偏爱的长相思，香气明艳奔放，白诗南比较内敛含蓄，需要一段时间才能绽放它的香气。

虽然白诗南可以酿造出多种风格的葡萄酒（静止葡萄酒、起泡酒、干型葡萄酒、半干型葡萄酒、甜型葡萄酒），但是它的香气主要来源于陈酿、橡木桶和酒泥。顶级的白诗南陈酿后具有令人惊艳的风味，陈酿潜力大，可以存放几十年，所以如果有机会你一定要找一下老年份的白诗南。与霞多丽相似，白诗南在橡木桶中陈酿一段时间后，具有坚果的风味，口感浓郁醇厚。一般而言，过桶的白诗南非常适合作为配餐酒。酒泥是发酵结束后桶中的酵母等沉淀物，带酒泥陈酿是白诗南常用的酿造方法。带酒泥陈酿后葡萄酒会产生更多的酵母类风味，就像与橡木桶接触后，酒体更加醇厚丰满一样。

它的风味如何呢？新鲜的白诗南口感爽脆，陈酿或者与橡木接触后会具有坚果的风味和蜡质感，甜型的白诗南葡萄酒具有迷人的橘子酱和橙子的风味，口感油滑并有点黏稠。

【 葡萄酒产区&风味 】

原产地：法国卢瓦尔河

如果这本书可以加声音特效，这里就是一声深长而满足的叹息。在卢瓦尔河产区，白诗南可以酿造出一些怡人的白葡萄酒，既有干型的也有甜型的。卢瓦尔河的武弗雷、卡德·休姆、邦尼舒和蒙路易产区生产了美味的甜型白诗南葡萄酒。酿造这些甜酒的葡萄果实采收比较晚，具有很高的含糖量。武弗雷产区可能是半甜型白诗南最有名的产区（风格），它具有怡人的果香，甜而不腻，而萨维涅尔产区则是干型白诗南的殿堂。予厄酒庄和尼古拉斯·卓利酒庄是我最喜欢的几个白诗南的酿酒商。

南非

白诗南是南非的标志性白葡萄品种，从产量上来看是卢瓦尔河谷的两倍，足以看出南非对白诗南的重视度。像法国一样，南非的白诗南也可以酿造干型、甜型等多种风格的葡萄酒。南非有大量的老藤白诗南，出产的葡萄果实具有更加丰富的风味物质，能够增加葡萄酒的复杂度，这些葡萄酒风味复杂多变，具有坚果和蜂蜜的味道。顶级的南非白诗南不仅具有复杂的风味，而且口感清新、爽脆。在过去的几年里，南非白葡萄酒的品质在不断提升，最令人激动的是2012年在开普敦发生的变化。当时我品尝了阿尔海特酒庄的一款叫"图志学"的葡萄酒，那种令人惊叹的美味，记忆犹新。它具有柠檬皮和成熟苹果的味道，口感鲜美，有一点泥土的气息。而这款葡萄酒只是一

个开始，在那次南非之旅中，我喝到了很多惊艳迷人的白葡萄酒，从此我成了南非白诗南的拥趸。

这些混酿白葡萄酒以白诗南为主，并加入了少量的其他品种，可能有5~6种葡萄，甚至更多。现在南非混酿白葡萄酒的发展正处于初始阶段，希望它越来越好。

阿尔海特酒庄、马利诺酒庄、赛蒂家族酒庄和拜登马酒庄是我最喜欢的几个白诗南酿酒商，无论是单一品种还是白诗南的混酿葡萄酒，都非常惊艳。

美国

美国也种植白诗南。美国的白诗南主要分布在加利福尼亚，尤其是中央山谷，但由于其产量大，风味寡淡，名声并不太好，所以很多酒商将白诗南与鸽笼白葡萄（并不是特别有名）一起混酿。因此，白诗南在美国并没有流行起来。但这并不代表美国没有优质的白诗南，萨克拉门托的克拉克斯产区以及索诺玛的干溪谷酒庄都有令人惊艳的白诗南葡萄酒。尤其是美国东海岸纽约长岛上的葡美奥客酒庄，被誉为白诗南的膜拜酒庄。

⚔ 白诗南还有这些名字

白诗南有很多别名，在卢瓦尔河产区被称作"安茹"，在南非有时也被称作"施特恩"（荷兰语中是石头的意思）。无论它叫什么名字，白诗南都是南非新兴白葡萄酒中最受欢迎的葡萄品种，尤其是黑地产区。

赛美蓉
SEMILLON

葡萄品种的特点
清新、干型、多汁、奶油、蜡质般的质感、甜型、圆润

香气
青草味、草本植物、热带水果、柑橘类香气

口感
苹果味、水果干、柚子、蜂蜜、柠檬、酸橙、坚果

赛美蓉远比人们想象的更有魅力。在波尔多产区，赛美蓉具有巨大的影响力，它是长相思混酿白葡萄酒的重要品种，也是苏玳和巴萨克子产区酿造顶级甜葡萄酒的关键品种。

为什么长相思和赛美蓉适合一起混酿？因为这两个品种在口感和风味上可以互补。长相思口感紧涩、高酸，很多人难以接受，加入醇厚、具有油质感的赛美蓉之后，口感变得柔和，似乎都能听到长相思长舒了一口气。最终得到果香充沛、圆润醇厚的混酿白葡萄酒。

但并不是所有的赛美蓉葡萄酒都是与长相思混酿而成的。它也可以酿造单一品种的葡萄酒，虽然没有太多的风味。适合新鲜饮用的赛美蓉，口感清新爽脆，陈酿后口感圆润饱满。我喝过很多非常美味的干型赛美蓉，它们来自澳大利亚，陈酿7~8年后，酒体呈现金黄色，具有杏仁、苹果派的风味。现在世界各地都种植赛美蓉，波尔多和澳大利亚是最受欢迎的产区。

【 葡萄酒产区&风味 】

原产地：法国波尔多

我在前面提到过，波尔多的长相思和赛美蓉是非常经典的组合，酿造出的干型葡萄酒，酒体轻盈，新鲜饮用时清新爽脆，具有柑橘类的风味。在苏玳和巴萨克产区，赛美蓉是当地重要的葡萄品种，酿造出的甜型葡萄酒具有蜂蜜、果脯的风味，口感醇厚油滑。这种风格的赛美蓉比正常的干型葡萄酒具有更强的陈酿潜力。

澳大利亚

提到澳大利亚的赛美蓉，第一个想到的一定是南威尔士的猎人谷产区，那里酿造出的赛美蓉口感纯净，风味迷人。

像南非白诗南一样，猎人谷也有很多赛美蓉的老藤，酿造出的葡萄酒具有更加复杂的风味。拥有8~10年树龄的赛美蓉，酿造出的葡萄酒具有饼干的风味和蜡质的质感，丝滑而柔顺，具有非常惊艳的品质。天瑞酒庄的1号赛美蓉白葡萄酒采用老藤葡萄果实酿造，是澳大利亚赛美蓉的经典酒款，另外，恋木传奇酒庄和快乐山酒庄也是当地非常优秀的酿酒商。

除了猎人谷，澳大利亚还有很多出产优质赛美蓉的葡萄酒产区。在西澳的克莱尔谷和玛格丽特河产区，赛美蓉干白葡萄酒具有精致的口感和风味。

✂ 遇见密斯卡岱

赛美蓉最经典的酒款是甜型葡萄酒，密斯卡岱虽然是一个法国的葡萄品种，但经常出现在赛美蓉的种植产区。密斯卡岱果皮非常薄，非常适合酿造甜型葡萄酒。薄皮的葡萄更容易感染细菌，贵腐菌就是一种葡萄的"良性细菌"，世界上有很多顶级的甜酒是用被贵腐菌感染的葡萄酿制而成的。下面再介绍一下密斯卡岱这个葡萄品种。在波尔多，密斯卡岱也被用来与长相思、赛美蓉一起酿造苏玳和巴萨克甜酒。但是，在距离波尔多不远的贝尔热拉克产区，密斯卡岱更受欢迎，尤其是它酿造的具有橘子酱风味的蒙巴兹雅克甜白葡萄酒。澳大利亚也有密斯卡岱，而且在当地它也是赛美蓉的重要搭档。像法国一样，澳大利亚的密斯卡岱既有干型葡萄酒也有甜型葡萄酒，但顶级的甜型葡萄酒在澳大利亚维多利亚的路斯格兰产区。当地的密斯卡岱甜白葡萄酒也被称为"路斯格兰托佩克"。托佩克过去也被称作"托卡伊"，因为澳大利亚人认为密斯卡岱起源于匈牙利的托卡伊产区。如果有机会，一定要品尝一下斯坦顿基林酒庄和康贝尔酒庄的托佩克，如玉液琼浆，令人沉醉。

法国多尔多涅的蒙巴兹雅克城堡

维欧尼
VIOGNIER

葡萄品种的特点
馥郁、多汁、异域水果、奶油般的质感、
芳香、圆润、甜美芬芳

香气
花香、辛辣

口感
杏子、焦糖、水果干、蜂蜜、芒果、桃
子、菠萝、香草

"伪造成白葡萄品种的红葡萄品种"，这是我听过的对维欧尼的描述，这种描述非常精辟。维欧尼是一个非常有特点和魅力的葡萄品种，口感圆润醇厚，适合加入红葡萄酒中。如果不考虑维欧尼的颜色，它就像一个红葡萄品种。

维欧尼的风味独特，是我非常喜欢的一个葡萄品种。它具有非常浓郁的桃子风味，顶级的维欧尼葡萄酒还有杏子、香草、蜂蜜和杏仁的风味，口感丰富而有层次。维欧尼除了可以酿造果香浓郁的白葡萄酒外，在罗纳河谷产区，将维欧尼加入到西拉红葡萄酒中可以提升香气和爽脆的口感，是当地非常重要的葡萄品种。除了法国，澳大利亚、南非和美国也生产西拉与维欧尼的混酿葡萄酒。

维欧尼风味浓郁，与红葡萄酒混酿时，不需要加入很多就能识别出来；即使与辛辣的西拉/设拉子混酿，加入很少的比例也具有明显的维欧尼的特征。而且维欧尼也非常适合与白葡萄品种混酿，尤其是罗纳河谷的玛珊和瑚珊。2000年以后，澳大利亚和美国加利福尼亚的酒庄也开始引进维欧尼，而在此之前，这个品种只在法国有少量种植。

【 葡萄酒产区&风味 】

原产地：法国罗纳河谷

令人震惊的是，在2000年之前，全球几乎只有罗纳河谷产区种植维欧尼。在罗纳河谷，维欧尼有两个重要的作用。它可以用来酿造柔和、桃子风味的白葡萄酒，是全球最珍贵的白葡萄酒——孔德里约白葡萄酒的重要品种。另外，维欧尼还可以为西拉葡萄酒增加风味和香气，尤其是在罗纳河谷的罗第丘产区。

美国加利福尼亚

维欧尼是加利福尼亚最成功的白葡萄品种之一，加利福尼亚的维欧尼葡萄汁品质出众，香气浓郁，轻轻一闻，像是甜美的蜜桃汁。索诺玛产区的赛琳酒庄，生产出的葡萄酒风味浓郁、迷人，具有典型的桃子、杏子和蜂蜜的味道。

澳大利亚

虽然维欧尼对环境的要求很高，但在澳大利亚的很多地方都能够良好地生长。它的成熟期较长，果实过熟会失去新鲜的口感。无论是作为单一品种酿造的白葡萄酒（风格介于加利福尼亚的果味多汁和罗纳河谷的优雅之间），还是添加到红葡萄酒中，维欧尼都具有非常重要的作用。许多澳大利亚设拉子的名庄，也将维欧尼添加到他们顶级的葡萄酒中。

澳大利亚的雅伦堡酒庄有最好的维欧尼葡萄酒，它也花费了很大的努力将澳大利亚的维欧尼带回到世界的舞台上。雅伦堡位于南澳的伊顿谷产区，生产的葡萄酒花香馥郁、酒体饱满、口感丝滑。

南非

如果直接说维欧尼是南非最重要的白葡萄品种可能没有说服力。我们都知道

> ✖ **维欧尼葡萄酒的名字**
>
> 孔德里约白葡萄酒是全球最贵的维欧尼葡萄酒之一。孔德里约既是北罗纳河谷的一个葡萄酒产区，也是用维欧尼酿造的白葡萄酒的名字。

西拉/设拉子是南非重要的葡萄酒，但其实是因为维欧尼。大部分南非的西拉葡萄酒是与维欧尼混酿而成的，具有罗纳河谷的风格。而且，无论是作为单一品种还是与白诗南混酿（参见98~103页），都有很多顶级的维欧尼白葡萄酒。尤其是斯特兰德产区的芳缀酒庄，我非常喜欢它酿造的单一品种的维欧尼白葡萄酒。

法国南部产区

法国南部与罗纳河谷有很多相同的葡萄品种，所以在朗格多克—鲁西荣产区发现维欧尼并不奇怪，尽管数量很少。这里的维欧尼也充满了蜜桃风味，但是没有新世界葡萄酒国家维欧尼的浓郁奔放。而且，这里的维欧尼一般比罗纳河谷的价格便宜。

新西兰

在新西兰，虽然许多芳香型葡萄品种都在证明自己不仅只有一种白葡萄酒风格（长相思），但维欧尼无疑是最成功的。虽然维欧尼产量很少，但是它既可以酿造成白葡萄酒，也可以与西拉一起混酿，尤其是霍克斯湾产区的西拉维欧尼混酿葡萄酒，非常惊艳。在以长相思而闻名的马尔堡产区，有一个叫祈藤的酒庄，酿造了很多清爽、迷人的维欧尼白葡萄酒。

新西兰霍克斯湾产区，埃斯克谷酒庄的葡萄园

麝香葡萄
MUSCAT

葡萄品种的特点
芳香、干型、轻盈、异域水果风味、清新、甜型、柔和

香气
花香、芬芳

口感
苹果、杏子、葡萄、姜、柠檬、橙子、梨、葡萄干

麝香葡萄酿造的葡萄酒很好识别，它具有非常明显的葡萄风味。但人们往往分不清这个品种，因为在不同的国家产区（在葡萄牙和西班牙叫作"Moscatel"，在意大利叫作"Moscato"，在希腊叫作"Moschato"）麝香葡萄有不同的名字，而且风格多样，既有静止葡萄酒也有起泡酒，既有干型酒也有甜型酒，既可以作为餐酒也可以酿造出加强型葡萄酒。为了更容易理解，我会从酿造风格而不是产区的角度来介绍这个品种。

麝香葡萄非常容易发生变异，所以它有很多的变种，这里我们只介绍品质最高的麝香葡萄品种——小粒白麝香葡萄。虽然它一般不用来酿造干型、轻盈风格的葡萄酒，但是作为混酿葡萄品种，它也可以增加葡萄酒中的香气和风味。

麝香葡萄在法国和意大利的皮埃蒙特广泛种植，但在不同的产区，它有不同的名字，比如芳蒂娜麝香葡萄、阿尔萨斯麝香葡萄、博姆—威尼斯麝香葡萄。奥托奈麝香和亚历山大麝香是另外两种麝香葡萄品种，但是品质和风味不如小粒白麝香葡萄。麝香葡萄是一个古老品种，因为时间太过久远无从考证，但关于它原产地的争论一直没有停止过。很多人认为小粒白麝香葡萄来

自希腊，然后传到了欧洲各地。多年来，小粒白麝香葡萄通过不断变异，产生了很多的葡萄变种，除了我们熟悉的白葡萄，还有粉葡萄和红葡萄品种。

【 葡萄酒产区&风味 】

干型或者微甜的葡萄酒

法国阿尔萨斯

麝香葡萄是阿尔萨斯最重要的白葡萄品种之一，生产的葡萄酒具有轻盈、怡人的风格。这款葡萄酒风味精致，具有典型的葡萄味，非常适合与亚洲菜肴相搭配，尤其是以柠檬草为主的美食。施查尔斯·施尔雷特酒庄和雨果酒庄生产的干型麝香葡萄酒，非常美味。阿尔萨斯也有甜型葡萄酒，但是一般不使用麝香葡萄酿造。这些甜型葡萄酒一般在酒标上注有晚收（VT）或者逐粒精选贵腐甜酒（SGN）的标志。

微甜葡萄酒&起泡酒

意大利

麝香葡萄主要种植在意大利的北部，它也是皮埃蒙特产区种植最广泛的白葡萄品种，一般被用来酿造阿斯蒂起泡酒和更优质的莫斯卡托阿斯蒂起泡酒。

莫斯卡托阿斯蒂起泡酒

这是一款美味、精致但却被低估的葡萄酒，作为一款轻盈风格的甜型葡萄酒，莫斯卡托阿斯蒂起泡酒一直是我的首选。与阿斯蒂相比，它的酒精度更低，属于微气泡。莫斯卡托阿斯蒂具有迷人的接骨木花的风味，微气泡，低酒精度（酒精度在5%左右），非常适合在用餐结束前饮用，因为它的口感微甜，但不像一般的甜型葡萄酒那么浓郁。暮光酒庄、埃利奥佩罗酒庄和艾劳迪总统酒庄是我非常推荐的几个酒商，它们生产的莫斯卡托阿斯蒂美味迷人。

法国罗纳河谷

克莱雷起泡酒的气泡细腻，口感清爽，主要由麝香葡萄（至少75%）酿造而成。它是一种迷人的微气泡酒，具有蜂蜜和金银花的风味，酒精度在7%左右。

甜型葡萄酒

法国鲁西荣

里维萨尔特麝香甜葡萄酒是法国南部出产的一款天然甜酒（加强型甜葡萄酒）。这款糖分含量很高的甜型葡萄酒也具有很高的酒精度（酒精度在16%~17%）。新鲜饮用时，它具有杏子和热带水果的风味，陈酿一段时间后，增加了坚果、橙子的风味。一般由小粒白麝香葡萄和亚历山大麝香葡萄混酿而成。

甜型葡萄酒&加强型葡萄酒

澳大利亚

麝香葡萄利口酒是维多利亚产区酿造的一种古老但风味迷人的加强型葡萄酒，是路斯格兰产区的特色葡萄酒，所以有时也被称为路斯格兰麝香葡萄酒。这些麝香葡萄酒甜美、口感丰富，在橡木桶中陈酿时间长，酒体浓郁饱满，具有烟草和橡木的香气，入口后有焦糖和糖蜜的味道。

> **🍴 天然甜葡萄酒**
>
> 天然甜葡萄酒是一种加强型的甜葡萄酒，在发酵结束前人为终止发酵。所以它具有很高的残糖，具有甜蜜的口感。

琼瑶浆（Gewürztraminer）

麝香葡萄和琼瑶浆都是芳香型葡萄品种，以馥郁芬芳的香气著称。琼瑶浆主要种植在北欧，近年来，新世界葡萄酒国家的琼瑶浆种植量逐渐增加，比如新西兰、澳大利亚和智利。它既可以用来酿造干型葡萄酒也可以酿造甜型葡萄酒，既可以作为单一品种酿造，也可以与其他品种混酿。玫瑰、荔枝和生姜是琼瑶浆典型的风味特征，在混酿时，一般用来增加葡萄酒中的香气。琼瑶浆喜欢凉爽的环境，既可以保护芬芳的香气，又能够避免果实中积累过高的糖分（高含糖量会导致高酒精度）。

希腊

大多数甜型的希腊麝香葡萄酒都是天然甜葡萄酒。甜型的希腊麝香葡萄酒一般呈现深橙色或者琥珀色，希腊的很多小岛上都酿造这种葡萄酒，以萨摩斯岛最为出名，这里酿造的麝香葡萄酒品质最佳。萨摩斯岛上的葡萄酒主要由当地的合作社酿造而成。这些葡萄酒具有太妃糖、坚果和橘子酱的味道，有点油质感，美味迷人，余味悠长。如果搭配橙子蛋糕一起饮用，具有更加美妙的滋味。

雷司令
RIESLING

葡萄品种的特点
干型、芬芳、酸度活泼、清爽、异域水果风味、优雅、精致、甜型、圆润

香气
花香、青草、草本芳香、汽油

口感
接骨木花、生姜、青苹果、蜂蜜、柠檬、酸橙、芒果、橙子、热带水果、桃子、菠萝

千万不要错过这一节的内容！是的，我知道很多人不喜欢雷司令这个品种，尽管当人们不知道杯中的美酒是雷司令的时候，也会对它赞不绝口。雷司令确实令人惊艳，很多顶级的白葡萄酒是用雷司令酿造的，所以它也是葡萄酒专业人士非常钟爱的品种。

虽然如此，人们对雷司令仍有误解：觉得它品质较低或者是甜型的葡萄酒，甚至有人认为雷司令都是廉价的甜葡萄酒。接下来我们来解释一下为什么会有这种观点。

"雷司令是低品质的葡萄酒。"这个说法起源于20世纪60~70年代盛行的圣母之乳，这是一种廉价、像糖水一般的德国葡萄酒。但其实大部分圣母之乳葡萄酒并不是雷司令酿造的。雷司令是德国的标志性葡萄品种，世界上很多纯净、风味复杂的顶级白葡萄酒都是用雷司令酿造而成的。

"所有的雷司令都是甜的。"其实，大部分雷司令是干型的，甚至是绝干的葡萄酒。的确，有时候很难区分一瓶雷司令是干型还是甜型葡萄酒，但如果背标

上参照国际标准注明了甜度，会更容易分辨。虽然雷司令也有甜型的葡萄酒，但这有什么问题呢？很多全球顶级的葡萄酒也是甜型的雷司令葡萄酒。

还是不相信？那么你可以尝试搭配美食一起饮用。雷司令一般酒精度较低，可搭配美食一起饮用，尤其是与亚洲美食相搭配，美酒佳肴，相得益彰。而且雷司令具有非常浓郁的果香，这也是很多人在盲品时非常喜欢它的原因。即使在不同的生长环境中，雷司令也能保持独有的品种特性，所以与其他葡萄品种相比，很难盲品出产区。

【 葡萄酒产区&风味 】

原产地：德国

德国的雷司令葡萄酒具有非常纯净的风味。顶级的雷司令葡萄酒可以存储几十年，因为雷司令酸度高，能够增强陈酿潜力。顶级的雷司令葡萄酒年轻时具有接骨木、柠檬和酸橙的花香，陈酿后转变为蜂蜜、煤油的味道，风味更加浓郁。摩泽尔是最著名的雷司令产区之一，酿造出的雷司令风味迷人、精致，具有接骨木花的风味，清新爽脆。这里气候凉爽，雷司令口感微甜，使得清脆的酸度更加柔和。

法国阿尔萨斯

阿尔萨斯是法国重要的雷司令产区，在这里有很多干型且适合配餐的葡萄酒，所以大部分阿尔萨斯的雷司令也是干型的，但是也有甜型的雷司令，一般会在酒标上标注晚收葡萄酒或者逐粒精选贵腐葡萄酒。特级园葡萄酒使用的葡萄果实来自最好的葡萄园。虽然阿尔萨斯的雷司令没有德国雷司令浓郁、芬芳，但它非常优雅，具有迷人的风味。当地的温巴赫酒庄、阿伯曼酒庄、鸿布列什酒庄是我最喜欢的几个雷司令酿酒商。

> 🍴 **如何形容雷司令葡萄酒的甜度？**
>
> 想要知道德国雷司令的糖度等级吗？你可以在酒瓶的背标上找到雷司令的国际标准甜度等级。

奥地利

雷司令是奥地利第二大葡萄品种，种植量仅次于当地特有的葡萄品种绿威林，既有德国雷司令的果香，也有阿尔萨斯雷司令醇厚的口感，品质惊艳。瓦豪是奥地利最著名的葡萄酒产区，那里白天炎热，夜晚凉爽，出产的雷司令馥郁芬芳。尤其是当地克诺尔酒庄和普拉格酒庄的雷司令，品质令人惊叹。

美国

在北美东海岸和西海岸地区，雷司令是备受欢迎的葡萄品种。哥伦比亚产区位于华盛顿州，酿造的雷司令具有典型的品种特性，而且有全球最大的雷司令生产商——圣觅仙酒庄。圣觅仙酒庄联合德国雷司令名庄——露森酒庄，酿造了美味怡人的英雄雷司令葡萄酒。

在东海岸，纽约的五指湖葡萄酒产区正在掀起雷司令的风潮。虽然五指湖环境恶劣，气候寒冷，但雷司令耐寒，除了少数几个特殊年份因为气温过低而影响产量以外，一般年份的葡萄均可茁长生长。五指湖出产的干型雷司令虽然没有欧洲雷司令的香气馥郁，但口感更加丰富。没有冰过的雷司令，口感圆润醇厚，果味更明显。康斯坦丁·弗兰克酒庄和赫尔曼酒庄是五指湖产区非常优秀的雷司令酿酒商。

澳大利亚

澳大利亚的雷司令葡萄酒是我心中最独特的雷司令，它具有浓郁的酸橙风味。清脆、纯净，而且具有异域水果的风味。澳大利亚最好的雷司令产区是南澳的克莱尔谷和伊顿谷。那里夜晚气候凉爽，温度低，可防止雷司令果实过于肥大。澳大利亚格罗斯酒庄、普西河谷酒庄和克莱尔酒庄生产的干型雷司令尤为惊艳，口感爽脆、花香馥郁。

新西兰

新西兰的雷司令遍布各个产区，但是我首选南岛。怀帕拉谷是新西兰最著名的雷司令产区，这里的雷司令是纯净水果风味的德国雷司令风格，也有阿尔萨斯雷司令风格，但是矿物质的风味更加明显。有一点需要注意：虽然新西兰的酿酒商会在酒标上注明甜度，但是甜度的标准有所不同。当地蝶谷酒庄和飞马酒庄的雷司令风味迷人，其次就是马尔堡产区，有机会一定要品尝一下太阳屋酒庄的雷司令，非常美味。雷司令也是中奥塔哥主要的白葡萄品种，这里的葡萄园以片岩土壤为主，非常适合雷司令的生长。这里的佩勒林酒庄和许愿石酒庄酿造的干型雷司令葡萄酒非常出色。

德国勒斯尼奇，摩泽尔产区的葡萄园

灰皮诺
PINOT GRIGIO/ PINOT GRIS

葡萄品种的特点
芬芳、清新、有嚼劲、奶油般的质感、轻盈、精致

香气
花香、青草、草本、芬芳

口感
苹果、杏子、柑橘类水果、西柚、蜂蜜、柠檬、坚果、梨、硬糖

灰皮诺是以其流行的口感和风味而不是复杂度而出名的，虽然这听起来有点投机，但也许这正是灰皮诺的魅力所在。一位朋友曾经说过，她喜欢灰皮诺因为它简单、纯净。

人们常常会把"Pinot Grigio"和它的另一种风格"Pinot Gris"弄混，虽然它们都是指灰皮诺这个葡萄品种，但是在口感和复杂度上完全不同，"Pinot Gris"的口感更加丰富、饱满。新世界葡萄酒国家酿造的灰皮诺葡萄酒具有"Pinot Grigio"和"Pinot Gris"两种风格，各有千秋。

"Pinot Grigio"在过去的10年里风靡全球。它酿造的葡萄酒轻盈、爽脆，具有硬糖的风味，备受市场欢迎而销量大增；从澳大利亚到阿根廷，所有的酿酒国家都因为这个品种而获得了丰厚的利润。

【 葡萄酒产区&风味 】

原产地：法国

灰皮诺（*Pinot Gris*）起源于勃艮第，它其实是黑皮诺变异而成的白色葡萄品种。但现在很少有人知道灰皮诺的来历，更常见的是意大利风格的灰皮诺（*Pinot Grigio*）。现在，勃艮第的灰皮诺非常稀少，有时也被称作波候皮诺。根据古代的规定，勃艮第红葡萄酒中可以加入少量的灰皮诺。法国最著名的灰皮诺产区是位于东北部的阿尔萨斯，那里的灰皮诺葡萄酒既有甜型的也有干型的，与意大利的灰皮诺相比，风味更加浓郁饱满。

意大利威尼托

威尼托，位于意大利的东北部，风靡全球的意大利灰皮诺（*Pinot Grigio*）就是在这里起源的。它适合新鲜饮用，冰镇后口感最佳，具有硬糖的风味，顶级的灰皮诺还有西柚的味道。得益于灰皮诺的流行，意大利白葡萄酒开始受到世界的关注（参见134~137页），它仍是最受欢迎的白葡萄酒。帕斯卡酒庄、马西酒庄和索罗酒庄（*È Solo*）是当地出色的灰皮诺酿酒商。

意大利弗留利

我最喜欢的灰皮诺葡萄酒来自意大利东北部的弗留利，那里的白葡萄酒口感爽脆。与威尼托产区相比，弗留利的灰皮诺口感更加浓郁。这里顶级的灰皮诺具有浓郁的柠檬皮、水果的风味，酸度活泼，适合新鲜饮用。如果有机会，一定要尝一下维辛蒂尼酒庄和名爵酒庄的干型灰皮诺葡萄酒，它浓郁饱满，具有花香和水果的香气。

意大利风格的灰皮诺（*Grigio*）和法国风格的灰皮诺（*Gris*）

意大利风格的灰皮诺一般口感甜美，花香馥郁，适合新鲜饮用。法国风格的灰皮诺口感更加丰富，具有蜡的风味，有时还有黄油的味道。与意大利风格

的灰皮诺相比，适合陈酿一段时间后再饮用。

法国阿尔萨斯

阿尔萨斯的灰皮诺具有美妙迷人的风味，与酒体轻盈的意大利灰皮诺相比，更加圆润饱满。它具有苹果、坚果的风味，口感圆润，具有奶油般的质感，堪称教科书级别的灰皮诺。而且，阿尔萨斯的灰皮诺具有很强的陈酿潜力。搭配食物一起饮用更加美味，具有微妙而有层次的风味变化。阿尔萨斯的灰皮诺一般装在高高的长笛型酒瓶中，但千万不要被酒瓶的形状误导（如果你认为这是用来装甜型葡萄酒的酒瓶），它一般是干型的葡萄酒。阿尔萨斯有很多非常优秀的灰皮诺酒商，我特别推荐乔士迈酒庄、雨果酒庄和云鹤酒庄。

美国

奥尔良和华盛顿的灰皮诺风格与阿尔萨斯相近，水果的风味中带有坚果的味道，口感醇厚，有嚼劲。风靡全球的灰皮诺，加利福尼亚当然也有种植，而且这里既有意大利风格的灰皮诺也有法国风格的灰皮诺。

新西兰

根据酒庄不同的酿造风格，新西兰既有意大利风格的灰皮诺也有法国风格的灰皮诺。灰皮诺在新西兰潜力巨大，消费者非常喜欢灰皮诺这个葡萄品种，而且新西兰的酿酒商擅长用芳香型葡萄酿造，尤其是种植量最大的长相思。如果有机会一定要尝一下新西兰思菲酒庄生产的意大利风格的灰皮诺，或者伊莎贝尔和许愿石酒庄生产的法国风格的灰皮诺。

芳香型葡萄品种

灰皮诺与长相思、雷司令、琼瑶浆一样，都属于芳香型白葡萄品种。

意大利白葡萄酒
ITALIAN WHITES

在21世纪初，果香浓郁、酒体轻盈的灰皮诺风靡全球，为意大利白葡萄酒的发展开启了世界的大门。现在，意大利白葡萄酒兴起了！下面介绍一些品质特别出众的意大利白葡萄酒。

法兰吉娜（*FALANGHINA*）
意大利中部　法兰吉娜干白葡萄酒，具有浓郁的柠檬类水果和坚果的风味，口感爽脆，是很多酒单上的热门酒款，适合新鲜饮用，冰镇后口感更佳。

菲亚诺&卡利坎特（*FIANO & CARRICANTE*）
西西里岛　菲亚诺是西西里岛的特色葡萄品种，它酿造的白葡萄酒具有新鲜的果香。它的风格简单易饮，有柠檬、苹果的风味。卡利坎特是来自埃特纳火山附近的葡萄品种，口感醇厚，有嚼劲，具有成熟柠檬和浓郁橙子的风味。

阿内斯（*ARNEIS*）
皮埃蒙特　阿内斯葡萄，具有脆桃以及一丝杏仁、橙子的风味，它来自皮埃蒙特的罗埃罗产区，所以阿内斯葡萄酒在酒单上通常被称作罗埃罗阿内斯。它酿造出的白葡萄酒，美味又具有鲜明的品种特性，适合新鲜饮用。

佩哥里诺（*PECORINO*）
马尔凯　佩哥里诺是意大利中部特有的葡萄品种，酿造出的葡萄酒简单易饮，风味柔和。佩哥里诺葡萄酒品质参差不齐，但一般口感清脆，与灰皮诺相比，风味更加复杂。

丽波拉盖拉（*RIBOLLA GIALLA*）

弗留利   丽波拉盖拉酿造的葡萄酒呈金黄色，具有坚果和蜡的风味。风味浓郁，口感醇厚，有嚼劲，适合配餐饮用。

富莱诺（*FRIULANO*）

弗留利   富莱诺葡萄酒具有馥郁的花香，口感多汁、怡人，具有活泼的酸度，在炎热的夏日饮用，清凉爽快，舒适愉悦。虽然产量不大，但我认为它是一个很成功的葡萄品种。

维蒙蒂诺（*VERMENTINO*）

托斯卡纳&撒丁岛   得益于基安蒂葡萄酒在全球的流行，很多人认为托斯卡纳是红葡萄酒的殿堂。但在托斯卡纳沿海地区，维蒙蒂诺（在南法也被称为候尔）能够酿造出清脆、爽口的白葡萄酒。撒丁岛上也种植了很多维蒙蒂诺，而且它是撒丁岛的标志性白葡萄品种，口感清脆，具有海盐和柠檬的风味。

维蒂奇诺（*VERDICCHIO*）

马尔凯   维蒂奇诺是意大利最著名的本土葡萄品种之一，遍及意大利的所有产区，但其中名气最大的是马尔凯产区。和其他意大利白葡萄品种类似，它具有新鲜的柠檬、柑橘、杏仁的风味，一般酸度清脆。

卡尔卡耐卡（*GARGANEGA*）

威尼托&西西里   也许你不知道卡尔卡耐卡这个葡萄品种，但你可能听过索阿维——卡尔卡耐卡最著名的葡萄酒之一。它具有精致的香气、杏仁的风味和清新的酸度，虽然近几年产量不断增加，但品质并没有很大提高。但当地的皮耶罗潘酒庄却有非常优质的卡尔卡耐卡葡萄酒，美味而怡人。

意大利马尔什地区阿夸维瓦皮切纳的葡萄园

西班牙白葡萄酒
SPANISH WHITES

除了阿尔巴利诺，西班牙还有很多非常美味的白葡萄酒。一般认为西班牙气候炎热，适合生产浓郁的红葡萄酒，但它也有山脉和沿海地区，这些地方气候凉爽，能够酿造出酸度活泼的白葡萄酒。在过去的20年里，西班牙葡萄酒的风格发生了巨大的转变，更加偏重果味。这种变化主要得益于酿造技术的改进，生产商可以完美地诠释本土葡萄品种的风味特性。

弗德乔（VERDEJO）
卢埃达

弗德乔是餐厅和酒吧中最畅销的杯卖白葡萄酒之一。虽然弗德乔最著名的产区在西班牙北部的卢埃达，但它也是西班牙种植最广泛的白葡萄品种之一。顶级的弗德乔葡萄酒具有浓郁的花香和坚果味，尤其是杏仁的风味（杏仁是许多西班牙白葡萄酒的典型风味特征），口感爽脆，多汁。它有时也会与长相思一起混酿，具有更多草本的风味。但是，你也能找到过桶的弗德乔葡萄酒，经过橡木桶陈酿后，增加了更多的坚果风味。

阿尔巴尼诺（ALBARIÑO）
下海湾

阿尔巴尼诺享誉全球，一直是西班牙非常受欢迎的白葡萄品种，具有典型的沿海产区白葡萄酒的风格，它生长在加利西亚的下海湾，属于西班牙的沿海地区，位于葡萄牙北边。独特的风味非常适合搭配海鲜一起饮用。它具有馥郁的花香、清新的柑橘风味，以及一丝海风的咸味，这是它与鲜美的鱼类和贝类完美搭配的秘诀。这些葡萄酒适合新鲜饮用，非常清新爽口，但也有一些酿酒商正在尝试使用橡木桶，并与其他葡萄品种混酿，增强它的陈酿潜力，为阿尔巴尼诺打造新的经典风格。除了当地的名庄帕索赛诺兰有很多顶级的阿尔巴利诺葡萄酒外，马丁经典酒庄的美酒也非常值得尝试。

格德约（GODELLO）

瓦尔德奥拉斯

格德约曾经是一个濒临灭绝的葡萄品种，绝处逢生的励志故事让人心动，而且它不仅存活了下来，还酿造出了美味惊艳的葡萄酒。鲜为人知的瓦尔德奥拉斯德产区位于葡萄牙边境的北部，在过去的数十年里，当地酿酒商不断提升技术和工艺，酿造出了令人惊艳的格德约葡萄酒。它风味迷人，具有浓郁的蜜桃味，清新爽脆。格德约的品种特性适合用橡木桶陈酿（如果酿酒师想要的是这种酒体强劲的风格），具有很强的陈酿潜力。如果你喜欢葡萄酒中甜美的苹果、坚果的风味，可以尝试一下老年份的格德约葡萄酒。如果有机会，一定要试一下拉斐尔-帕拉西奥斯酒庄的格德约葡萄酒，惊艳而迷人。

维奥娜（VIURA）

里奥哈

西班牙北部的内陆产区有品质非常出众的白葡萄酒，但很可惜，里奥哈白葡萄酒总是被红葡萄酒的光芒所掩盖。与里奥哈的红葡萄酒类似，里奥哈白葡萄酒也是由多个葡萄品种混酿而成的，但主要以维奥娜为主；而在里奥哈红葡萄酒中，丹魄是主要品种。

虽然里奥哈白葡萄酒有很多真爱粉，但是与其他的西班牙白葡萄酒相比，年轻的里奥哈白葡萄酒缺少风味和品种个性，我并不喜欢。新鲜的里奥哈白葡萄酒，口感清新爽脆，维奥娜的风味并不明显。有些酿酒师非常喜欢由橡木桶发酵的维奥娜混酿而成的里奥哈白葡萄酒，它们口感复杂，具有蜡的质感和风味，非常适合配餐。但是它们的产量却在不断下降。现在的酒商更加推崇轻盈、爽脆的风格，所以里奥哈在西班牙白葡萄酒的发展中逐渐被淘汰。

慕佳酒庄是里奥哈的名庄，它有一款以维奥娜为主、适合日常饮用的里奥哈白葡萄酒非常美味；虽然使用了橡木桶进行发酵，但是橡木的风味并不明显，具有新鲜的蜜瓜风味。维奥娜一般用来与白歌海娜、玛尔维萨酿造里奥哈白葡萄酒，但是我更喜欢用维奥娜酿造的卡瓦起泡酒，在西班牙顶级起泡酒的酿造中，它也是最受欢迎的葡萄品种之一。维奥娜有时也被称为马家婆。

白哥海娜（*GARNACHA BLANCA*）
西班牙的所有产区

歌海娜既有白葡萄品种也有红葡萄品种（也有粉色歌海娜葡萄）。西班牙的很多产区都种植白歌海娜，但主要集中在西班牙的北部。白歌海娜在法国被称为"Grenache Blanc"，它的风味和香气不够优雅精致，所以一般不用来酿造单一品种的顶级葡萄酒。但它具有独特的优势，在混酿葡萄酒中，可以增加酒精度，使酒体更加圆润饱满。

里奥哈白葡萄酒是白歌海娜最著名的酒款之一，虽然它的主要混酿品种是维奥娜。

你知道艾伦葡萄吗

艾伦曾是西班牙种植最广泛的葡萄品种，但是现在逐渐被丹魄和赤霞珠取代。艾伦葡萄主要用来生产西班牙白兰地。希望它能够继续蓬勃发展！

白苏黎（*HONDARRABI ZURI*）
查科丽

白苏黎是巴斯克地区最重要的葡萄品种，它的名字来源于当地，所以发音听起来有点奇怪，它酿造的查科丽葡萄酒也是当地的名字，而且它的酒标上通常标注"查科丽"，而不是葡萄品种的名字。

虽然它没有严格按照西班牙的酿酒规定，但是在过去的20年里，它的品质和产量都有显著提高。白苏黎酿造的白葡萄酒口感爽脆，具有青苹果的风味，清新而美味。特克索明·埃克萨尼兹是当地有名的酿酒商，生产了很多风味迷人的葡萄酒。在法国巴斯克地区，白苏黎也被称为白库尔布。

玛尔维萨（*MALVASIA*）
兰萨罗特岛

几年前，一个西班牙的酿酒师朋友向我推荐了加那利群岛的葡萄酒，后来我品尝了几款，品质都非常惊艳。那里主要生产红葡萄酒，但当地的玛尔维萨白葡萄酒非常美味，尤其是兰萨罗特岛产区，那里酿造的葡萄酒具有新鲜的苹果风味，特殊的火山土还增加了葡萄酒鲜美的口感和泥土的风味。

马家婆、沙雷洛、帕雷亚达（*MACABEO/XARELLO/PARELLADA*）
加泰罗尼亚州佩内德斯

马家婆、沙雷洛和帕雷亚达是酿造卡瓦起泡酒的葡萄品种。卡瓦是一种起泡酒的风格，是西班牙特有的起泡酒。但卡瓦并不是某个产区的名字，实际上，在西班牙很多产区都生产卡瓦起泡酒，其中加泰罗尼亚州的佩内德斯是最重要的卡瓦产区，它位于巴塞罗那的西部。

近些年来，由于经济形势不好，卡瓦和普罗塞克起泡酒作为香槟的"平价替代酒款"受到了广泛的关注。但是它的饮用场景在不断变化，酒商也在尝试新的风格并成功地酿造出了很多顶级的卡瓦起泡酒。

从使用的酿造品种上，你就可以看出这种变化。以前，卡瓦是由西班牙当地的葡萄品种马家婆、沙雷洛和帕雷亚达酿造而成的，这些品种种植广泛，被用来酿造卡瓦起泡酒，但是相关规定已经允许酿酒师在卡瓦中加入霞多丽和黑皮诺。传统卡瓦起泡酒具有典型的苹果风味，酿造品种的改变显著提高了卡瓦的品质，使之具有更加丰富的口感和更强的陈酿潜力。

关于马家婆（维奥娜）这个葡萄品种，我在前面的章节中已经介绍过，其余的两个本土葡萄品种中沙雷洛更加重要，与帕雷亚达相比，它的品质也更高，具有独特的风味和个性，口感清新，在炎热的西班牙是非常珍贵的品种。在卡瓦起泡酒中加入霞多丽和黑皮诺已经成为一种潮流，但是一些酿酒商还是坚持使用本土的葡萄品种，尤其是格拉莫娜酒庄，它的卡瓦起泡酒完美地诠释了沙雷洛这个葡萄品种的特点，如果你感兴趣，可以试一下。帕雷亚达，主要用来增加卡瓦起泡酒中的花香。

⚔ 特殊的葡萄品种

菲诺-帕洛米诺和佩德罗-希梅内斯是西班牙的白葡萄品种，主要用来生产雪莉葡萄酒，但有时也用来酿造干型的餐酒。与西班牙其他的白葡萄品种相比，它们并没有很多的品种特色，但是口感清新而别致，如果有机会品尝，一定不会让你失望的。

ROSÉ

桃红葡萄酒

消费者对桃红葡萄酒的喜爱从来没有停止过，它风格多样，适合各种饮用场景。桃红葡萄酒可以是甜美迷人的，也可以是干型爽口的，多样化的风味能够搭配各种美食，包括辛辣的菜肴。

在任何酿造红葡萄酒的产区都可酿造桃红葡萄酒，因为它的颜色来自红葡萄的
果皮。所有葡萄的果肉（压榨成的果汁）都是无色的，所以只要把果皮和果肉
迅速分离，红葡萄也可以用来酿造白葡萄酒。桃红的颜色差别很大，比如有浅
桃红色、西班牙洋葱色（从事葡萄酒贸易的人会这样形容），以及石榴籽的颜
色。这些颜色的差异主要取决于使用的葡萄品种和浸渍的时间。

桃红葡萄酒有三种酿造方法：浸渍法、放血法和混合法。浸渍法是将果肉
（果汁）与葡萄皮相接触，从中萃取出颜色物质。浸渍的时间越长，葡萄酒
的颜色越深。"Saignée"是法语中的"放血法"，当红葡萄酒开始发酵，
部分葡萄酒先放出到另一个发酵罐中，这部分葡萄酒果皮和果汁接触的时间
短，酿造出的葡萄酒的颜色是桃红色而不是红色。用这种方法酿造出的桃红
葡萄酒风味更加浓郁。混合法是向白葡萄酒中加入一点红葡萄酒。虽然在很
多产区这样的做法是被禁止的，但在香槟区，混合法被广泛使用，而且符合
当地的规定。

干型&优雅
法国普罗旺斯
普罗旺斯是世界桃红葡萄酒的殿堂。普罗旺斯有顶级的桃红葡萄酒，由当地
的葡萄品种西拉、歌海娜、佳丽酿、神索混酿而成，美味迷人，口感清新，
具有甜美的花香、红苹果和爽口的石榴风味，与当地大蒜、蒜泥蛋黄酱类的
食物非常搭配。如果你喜欢时尚、风味复杂的桃红葡萄酒，可以选择奥特酒
庄，如果你喜欢价格亲民的有机葡萄酒，可以选择欧莱堡酒庄，但我是圣露
西酒庄的拥趸，它生产的"MiP"（普罗旺斯生产）葡萄酒，品质非常出众。

干型或者半干型&优雅
法国卢瓦尔河
卢瓦尔河产区有很多美味迷人的桃红葡萄酒，一般是由品丽珠或者黑皮诺酿

造而成。它们风味精致、口感清新，有时还带有一丝不明显的甜味，与那些
带有香料的菜肴非常搭配。

干型或者半干型&果香
葡萄牙

葡萄牙有很多我非常喜欢的桃红葡萄酒，在葡萄牙也被称为"*Rosados*"。
葡萄牙本土的葡萄品种果皮颜色深，含有浓郁的风味物质和色素，非常适合
用来酿造桃红葡萄酒。在杜罗河产区，国产多瑞加是生产波特酒最重要的葡
萄品种，但它也可以酿造酸度活泼、美味迷人的干型桃红葡萄酒，这些桃红
葡萄酒一般具有石榴的风味。顶级的国产多瑞加桃红葡萄酒还具有红葡萄柚
的风味，口感清新，酸度爽脆。说到波特，现在它也加入了桃红葡萄酒的门
类。2010年，波特公司泰勒首创了桃红波特葡萄酒，推出后在市场上大获
成功，现在其他波特公司也开始酿造桃红波特葡萄酒。它非常适合用作鸡尾
酒的基酒。在葡萄牙，除了杜罗河，绿酒和阿莲特茹产区也出产优质的桃红
葡萄酒。

干型或者半干型，果香&香料
南半球

在充足的日照下，红葡萄品种很容易成熟，所以智利、阿根廷、南非、新西
兰和澳大利亚的桃红葡萄酒品质惊艳，具有爽脆的红色水果风味，它们是装
在瓶子里的阳光，令人如痴如醉。这种葡萄酒一般选用每个国家最著名的葡
萄品种进行酿造。在智利，赤霞珠、梅洛和佳美娜酿造的桃红葡萄酒颜色浓
郁，具有清新的水果风味。在阿根廷，马尔贝克葡萄生产的桃红葡萄酒颜色
很深，酒体饱满，充满果香。在澳大利亚，用设拉子和赤霞珠酿造的桃红葡
萄酒颜色浓郁，具有黑胡椒的风味，其中大部分是干型的，也有半干型的桃
红葡萄酒。在新西兰，不同产区选用的葡萄品种不同，比如梅洛、黑皮诺或
者西拉，酿造出的桃红葡萄酒一般呈现明亮的粉色，是果香浓郁的干型葡萄

酒。在南非，用皮诺塔吉酿造的桃红葡萄酒，果香中带有一丝烟熏的味道，非常适合搭配烧烤，一般是干型葡萄酒。

干型，酒体饱满&果香
西班牙纳瓦拉产区
虽然西班牙的许多产区都酿造桃红葡萄酒，但是纳瓦拉产区的桃红葡萄酒，风味浓郁，口感迷人，具有独特的品种特性。它们一般使用歌海娜进行酿造，酒液呈现深粉色。这里的桃红葡萄酒大部分是干型的，具有奔放、多汁的草莓风味。

意大利普利亚
从皮埃蒙特的西北部到普利亚的东南角，意大利的桃红葡萄酒遍及所有产区。在普利亚的萨利切·萨伦蒂诺子产区有很多美味的桃红葡萄酒，颜色较深，具有浓郁的樱桃风味和香料的气息。

美国加利福尼亚的纳帕谷
如果想要尝试比加利福尼亚桃红含糖量更低的葡萄酒，可以选择纳帕谷产区的赤霞珠桃红葡萄酒。赤霞珠是加利福尼亚葡萄酒的桂冠，它酿造的桃红葡萄酒颜色浓郁，具有丰富的水果风味，盲品时，如果不看颜色可能会误以为是红葡萄酒。

🍴 **桃红葡萄酒**

桃红葡萄酒，顾名思义是桃红色的葡萄酒，虽然这在葡萄酒的专业术语中并不是非常准确。

中等酒体&果香

美国加利福尼亚

桃红仙粉黛或者白仙粉黛是一种广受欢迎的葡萄酒风格。消费者喜欢它甜美的风格和糖果般的味道，而且它颜色迷人，在货架上很容易发现它。

干型&酒体轻盈

意大利弗留利

如果你喜欢酒体轻盈的桃红葡萄酒，可以试一下灰皮诺桃红葡萄酒。虽然灰皮诺是一个白葡萄品种，但是它的果皮是淡粉色的，可以萃取到葡萄酒中，酿造出的葡萄酒呈现很浅的铜色，但也属于桃红葡萄酒的范畴。灰皮诺桃红葡萄酒与我们所熟知的灰皮诺白葡萄酒完全不同，它的口感柔和，具有轻微的苹果风味。

桃红起泡酒

生产起泡酒的产区一般也生产桃红起泡酒。这些桃红起泡酒是各产区白起泡酒的果味加强版，在酿造时果汁从红葡萄果皮中萃取了更多的颜色和风味物质。像英格兰这种气候凉爽的产区，酿造出的桃红起泡酒品质尤为出众，因为红葡萄赋予了起泡酒更多的风味。说到英国，我最喜欢吉斯伯恩酒庄和斯泰普尔赫斯特酒庄生产的桃红起泡酒。桃红香槟也具有复杂深邃的口感和风味。我是哈雪香槟、堡林爵香槟和杜依香槟的忠实粉丝。

桃红葡萄酒&美食

我非常喜欢用干型的桃红葡萄酒搭配美食，因为它的风格多样，具有多种组合方式。

从烤盘中取出的食物具有特殊的烟熏味，所以酒体强劲（南半球的葡萄酒）的桃红葡萄酒适合搭配烧烤类的食物。风格浓郁的桃红葡萄酒适合搭配滋味丰富的香肠，而清新爽脆的桃红葡萄酒适合搭配烤沙丁鱼和沙拉。西班牙的桃红葡萄酒也非常适合配餐。

我特别喜欢用精致可口的普罗旺斯桃红葡萄酒搭配清淡的日本料理。风味浓郁、口感甜美而又充满果味的桃红葡萄酒（比如卢瓦尔河的桃红葡萄酒），非常适合搭配微辣的菜肴。

桃红葡萄酒风格多样，非常适合用作野餐配酒。清新爽脆的桃红葡萄酒适合用作开胃酒或者搭配沙拉，口感浓郁的桃红葡萄酒适合搭配熟食和山羊奶酪，果味丰富的桃红葡萄酒适合搭配甜点。你可以尝试用葡萄牙的桃红葡萄酒来搭配这些食物。

桃红葡萄酒非常适合搭配鱼类，尤其是肉质粉嫩的鱼类和贝类，但无论是三文鱼还是虾，搭配干型的桃红葡萄酒都会更加鲜美。你可以尝试用卢瓦尔河的桃红葡萄酒或者英国的桃红起泡酒搭配鱼或贝类食物。

如果你不喜欢甜型葡萄酒，也可以用清新爽脆的干型桃红葡萄酒来搭配甜点。如果甜点里配有红色水果，搭配起来会更加美味，因为它与葡萄酒中的红色水果风味非常契合。

✖ 甜型的桃红葡萄酒

如果你喜欢甜型的桃红葡萄酒，可以试一下酒标上有这些名字的葡萄酒：白梅洛、白仙粉黛、桃红仙粉黛和桃红莫斯卡托葡萄酒。

法国普罗旺斯卢贝隆地区的葡萄园

FORTIFIED & SWEET

加强型 & 甜型葡萄酒

甜型的葡萄酒给人奢华舒适的感受，你可以毫无负担地选择它。饮用甜型葡萄酒，就像在巨大的拥抱之前，把你裹在柔软的羊绒毛毯里，至少我是这样想的。但需要注意的是，加强型葡萄酒并不一定是甜型葡萄酒，比如它口感清脆、带有咸味，甚至有坚果味的雪莉就是绝干型的餐酒，非常适合搭配鲜美的食物。

加强型葡萄酒
FORTIFIED

希望你在阅读这一章节时，不是单纯因为冬天天冷需要喝点酒暖身，或者是圣诞大餐后需要饮一杯酒，再或者仅用来搭配甜点。当然，加强型葡萄酒适合在上述场景饮用，但它还具有更多的用途。加强型葡萄酒可以随时为你提神醒脑，它可以是迷人的开胃酒，也可以搭配美味的正餐。然而那些不愿意谈论或者抵触加强型葡萄酒的消费者，通常是因为下面几种原因：他们以为加强型葡萄酒都是甜型葡萄酒——其实也有干型；他们以为加强型葡萄酒只有酒精的味道——实际上风味复杂；他们以为喝一小杯就醉倒了——实际上并不会（当然也取决于酒杯的容量）。

加强型葡萄酒的发酵过程与普通餐酒是一样的。它要加入酒精进行强化，把中性葡萄品种酿造的烈酒加入葡萄酒基酒中，既不会改变基酒风味，又能增加酒精度。加酒精强化这一步也是很多人误解加强型葡萄酒是甜型葡萄酒的原因，因为一般在葡萄糖完全转化成酒精之前加入酒精（在发酵过程中），可能使葡萄酒中的残糖含量过高，加强型后的葡萄酒就是甜型的。

加强型葡萄酒遍及全球各地，但主要有三种类型：波特、雪莉和马德拉。除了这三种类型，我也会介绍其他一些鲜为人知但绝对值得了解和品尝的加强型酒款。就品质而言，加强型葡萄酒绝对是性价比之选。

波特（PORT）

波特受原产地命名保护，所以像"澳大利亚波特"或者"法国波特"的标志是禁止使用的。葡萄牙的杜罗河是唯一的法定产区，这里也是全球最美的葡萄酒产区之一。波特酒分为白波特、桃红波特和红波特，都是甜型葡萄酒。

杜罗河产区位于葡萄牙的北部，波尔图以东。葡萄牙有很多本土特有的葡萄品种，在红波特酒中甚至有多达80个不同的葡萄品种，下面我介绍一些波特常见的或主要的葡萄品种。

国产多瑞加（*Touriga Nacional*） 它是波特酒最重要的葡萄品种，赋予葡萄酒集中、独特的香气，浓郁的颜色和丰富的单宁。

罗丽红（*Tinta Roriz*） 罗丽红在西班牙也被称为丹魄，酒精度高，具有浓郁的水果风味和丰富的单宁，一般能够为葡萄酒增加皮革的风味。

多瑞加弗兰卡（*Touriga Franca*） 它具有馥郁的花香和浓郁的颜色，口感丰富，但没有亲本国产多瑞加的风味浓郁。

红巴罗卡（*Tinta Barroca*） 红巴罗卡能够为葡萄酒增加鲜美的口感和泥土的风味。它的果皮颜色很深，所以酿造的葡萄酒颜色也非常浓郁。

卡奥红（*Tinta Cão*） 卡奥红喜欢凉爽的生长环境，它具有紫罗兰和香料的风味，香气怡人。

波特酒颜色多样，而且具有多种风格。下面介绍一些主要的波特酒类型。

白波特（*WHITE*） 白波特既有干型酒也有甜型酒。它的生产工艺与红波特相同，但是只使用拉比加多和可德加等白葡萄品种。白波特和汤力水是葡萄牙非常受欢迎的高杯鸡尾酒饮品，搭配烤杏仁一起饮用，可称为人间美味。

桃红波特（*PINK*） 一种新的波特风格，由波特的生产公司泰勒首创，但是现在很多波特品牌都有桃红波特酒。桃红波特是一种开胃酒，与白波特酒类似，需要在冰镇后饮用。它也可以用来制作美味的夏日鸡尾酒（参见201页）。

红宝石波特（*RUBY*） 它是最轻盈、简单的红波特酒，口感甜美，由不同年份的红波特酒混酿而成，适合新鲜饮用，开瓶后需要在2~3天喝完。

茶色波特（*TAWNY*） 茶色波特酒的价值被严重低估了，它在橡木桶中陈酿了很长时间，与橡木桶长时间接触，使酒液呈现棕色，于是有了茶色波特酒的名字。它口感甜美，具有橙子、坚果、太妃糖的风味，美味怡人，既可以作为冰凉的开胃酒，也可以和橙子、香草或坚果等配料制作的甜点搭配。年份茶色波特酒是由不同年份的波特酒混酿而成的，你可以通过酒标上的平均年份大概判断出它的风格。

谷物波特（*COLHEITA*） 它是由单一年份收获的葡萄酿造而成的，是风味更加浓郁的茶色波特酒。

年份波特（*VINTAGE*） 年份波特酒是品质最高的波特酒。只有在被评定为优级的年份才能够生产年份波特酒。年份波特酒口感丰富，香气复杂，需要陈酿，不适合新鲜饮用，储存时需要平放。随着陈酿时间的增加，年份波特酒会产生沉淀，所以饮用前需要使用醒酒器，它的口感浓郁、醇厚，具有水果蛋糕的味道，余味悠长。

> **年份波特酒的发布**
>
> 对于酒商而言，发布年份波特酒是一件非常重要的事情。虽然每个波特酿造商都有资格发布年份波特酒，但发布的年份首先需要经过协会批准认可，葡萄酒具有非凡的品质。平均而言，每十年大概只有三个年份可以发布年份波特酒。

晚装瓶年份波特（LBV） 晚装瓶年份波特酒与年份波特一样，口感丰富、果香浓郁，而且不需要醒酒器，性价比非常高。"LBV"是单一年份的波特酒，与年份波特相比，它在橡木桶中陈酿的时间更长，口感柔顺，所以适合新鲜饮用。虽然大部分LBV不需要醒酒器，但酒标上如果注释了传统晚装瓶年份波特酒，就需要醒酒。

单一园年份波特（SINGLE QUINTA） 如果某一年份采收的葡萄品质很高，但还没有达到年份波特酒的标准，酒厂会挑选一个地块的葡萄来酿造单一园年份波特酒。它非常适合作为餐后酒，尤其是搭配巧克力。

雪莉（SHERRY）

与波特一样，雪莉葡萄酒也是受产地保护认证的，所以市场上不会出现"意大利雪莉酒"或者"加利福尼亚雪莉酒"。雪莉酒来自西班牙西南部的安达卢西亚产区，"SHERRY"是它的出产地赫雷斯（Jerez）的派生词。近年来，雪莉酒的市场开始复苏，它既有干型酒也有甜型酒，从无色到不透明的深红褐色，风格多样。关于雪莉酒的更多内容，请参见162~163页。

帕洛米诺葡萄（Palomino Fino） 帕洛米诺是赫雷斯产区种植最广泛的葡萄品种，它是干型雪莉酒的主要酿酒品种，也可以用来酿造甜型雪莉酒的基酒。帕洛米诺本身是中性葡萄品种。雪莉酒中复杂的风味主要来自陈酿的过程，而不是葡萄本身。

佩德罗-希梅内斯葡萄（Pedro Ximénez） 佩德罗-希梅内斯简称为PX。PX酿造的单一品种葡萄酒，浓郁甜美，呈现深棕色，具有甘草和香草的风味。

麝香葡萄（Moscatel） 在西班牙，麝香葡萄一般用于酿造甜型葡萄酒，以前只用来酿造甜型雪莉酒，或者像PX一样，为干型雪莉酒（主要由帕洛米诺酿造而成）增加甜味。雪莉酒的主要风味特征来自酒窖（酿造雪莉酒的酒庄）的熟化过程。雪莉酒有两种熟化方式：生物型熟化和氧化型熟化。生物型熟化用于酿造菲诺、曼萨尼亚和阿蒙提亚多。在熟化过程中，葡萄酒表面形成了一层酵母，被称为"酒花"，它可以防止酒液接触空气而被氧化，保持清新的口感。同时也为雪莉酒增加了酵母和面包的风味。菲诺酒和曼萨尼亚在橡木桶中存储时间短，具有新鲜、干型的口感。在酒花死亡以后葡萄酒开始氧化，形成阿蒙提亚多。氧化型熟化，顾名思义就是在熟化的过程中没有产生酒花。雪莉酒在橡木桶中熟化的时间越长，风味越浓郁，酒精度也会更高，因为酒精浓度随着葡萄酒中水分的蒸发而增加。

菲诺&曼萨尼亚（FINO & MANZANILLA） 菲诺和曼萨尼亚都是干型雪莉酒，也是酒精度最低的雪莉酒。他们口感清新，具有咸味，酸度活泼，需要在冰镇后饮用。在炎热的天气里，可以用来制作清新爽口的开胃酒。

阿蒙提亚多（AMONTILLADO） 与菲诺和曼萨尼亚相比，阿蒙提亚多口感更加丰富，上市售卖前在橡木桶中熟化的时间更长，具有烤坚果和橙子的风味。大部分阿蒙提亚多是干型的，当然也有甜型的阿蒙提业多。

帕罗卡特多（PALO CORTADO） 对我而言，帕罗卡特多是风味最复杂的雪莉酒。与阿蒙提亚多相比，帕罗卡特多的口感更加浓郁；而且，它一般兼具阿蒙提亚多的香气和奥罗索的口感。焦糖炒香的坚果味中带有清新的橙子和香草的风味。

奥罗索（OLOROSO） 奥罗索是最浓郁、熟化时间最长的干型雪莉酒。它具有无花果、李子干和甘草的风味，无论干型酒还是甜型酒，都非常美味。

佩德罗-希梅内斯雪莉酒（PEDRO XIMÉNEZ） 这是为喜欢甜食的人准备的葡萄酒，酒液近似深黑色。当它酒在香草冰激凌上时，美妙的口感如梦幻一般。

马德拉（MADEIRA）

马德拉酒的名字来源于葡萄牙的马德拉岛。我认为马德拉酒是所有加强型葡萄酒中最容易被误解的，但它的葡萄品种决定了酒的甜度，所以也是最容易被理解的。关于马德拉酒，最令人惊叹的是陈酿时间。马德拉酒能够存放100多年，而且始终具有清新的口感，开瓶后，即使过了几个周甚至几个月，仍然能够保持它的风味。马德拉酒不仅具有极佳的陈酿潜力而且非常美味，物超所值。

舍西亚尔（Sercial） 它是一款干型的葡萄酒，具有浓郁的橙子味，口感丰富，带有烟草的味道。

华帝露（Verdelho） 华帝露是马德拉岛上种植最广泛的葡萄品种。它酿造出的半干型葡萄酒，具有杏子和蜂蜜的味道。

波尔（Bual/Boal） 半甜型的葡萄酒，具有美妙的焦糖和橙子的香气，一般用水果糖来描述它的风味，这是一个非常精准的词汇。

玛尔维萨（Malvasia/Malmsey） 这是最甜的马德拉酒，酒液呈深棕色，具有苹果味太妃糖、焦糖凤梨和焦糖坚果的风味。玉液琼浆，人间美味。

其他的加强型葡萄酒（*MORE FORTIFIED WINE*）

天然甜酒（*VIN DOUX NATUREL*） 天然甜酒，就是天然的甜型葡萄酒，它的甜源于发酵中止后葡萄酒中的残糖。它虽然是法国南部的特色葡萄酒，但在其他产区也有。最著名的天然甜酒包括里维萨特、麝香葡萄酒、莫里、班尼斯和萨摩斯，它们具有栀子花的香气和焦糖橙子的口感，令人惊艳。法国的里维萨特既有白葡萄酒也有红葡萄酒，里维萨特麝香葡萄酒具有迷人的接骨木花的风味，但不如博姆-威尼斯麝香葡萄酒的风味浓郁。

莫里来自法国的鲁西荣产区，由黑歌海娜酿造而成。莫里是甜型的加强酒，含有丰富的单宁，所以需要陈酿一段时间来柔化单宁，但它适合搭配巧克力一起饮用。

维多利亚州的路斯格兰是澳大利亚最著名的加强型葡萄酒产区，麝香葡萄是最重要的葡萄品种。这里有很多老藤，有些甚至可以追溯到19世纪50年代淘金热时期。这些甜型的加强酒在橡木桶中陈酿了很长时间，酒液呈现深棕色，风味浓郁。它们具有焦糖布丁、焦糖坚果、奶油糖果的风味。

雪莉酒

你知道吗？雪莉酒的消费市场正在复兴。在一些非常寒冷的城市，雪莉酒已经成为一种必备的饮品。塔帕斯小食的流行带动了雪莉酒的消费，因为雪莉酒的风味与这种食物非常契合，相得益彰。对于喜欢雪莉酒的人来说，现在市场上不断推出新颖的、限量的雪莉酒，令人耳目一新，仿佛是把你带到了西班牙西南部——雪莉酒产地。很多关于雪莉酒的传闻，导致市场的复兴并没有在全球普及，现在让我们来打破这些由来已久的市井传闻吧。

传闻1：雪莉酒都是甜型的
虽然奶奶的橱柜里都是甜型雪莉酒，但很多顶级的雪莉酒都是干型的。比如，"D-R-Y"品牌的雪莉酒。实际上，菲诺、曼萨尼亚一般比干型长相思或者霞多丽葡萄酒的含糖量更低。

传闻2：雪莉酒都是灰色的，而且口感浓稠
奶油雪莉酒是口感醇厚的甜型雪莉酒，但很多消费者误以为雪莉酒都是这种风格，其实这只是雪莉酒的一种类型，而且并不是最受欢迎的。奶油雪莉酒一般是由几种经过加糖和焦糖色的雪莉酒混合而成。雪莉酒的颜色非常丰富，有澄清的浅柠檬黄色、浅焦糖色甚至深红褐色等。

传闻3：雪莉酒没有产地限制
只有在西班牙西南部特定产区生产的加强型葡萄酒，才可以称为雪莉酒。所以，"澳大利亚雪莉酒""南非雪莉酒"或者"法国雪莉酒"等都是不存在的。

传闻4：雪莉酒可以存放很多年

雪莉酒不能存放很久，尤其是开瓶以后。菲诺和曼萨尼亚有点像白葡萄酒，开瓶之后最多存放两天，而且最好是放在冰箱里。其他风味浓郁的雪莉酒的存放最多也不能超过一到两周。

传闻5：雪莉酒的酒精度非常高

虽然雪莉酒是加强型葡萄酒，但很多雪莉酒具有清新爽脆的口感。酒体轻盈的菲诺和曼萨尼亚酒精度在15%（酒精的体积分数）左右，口感清爽。现在，很多非加强型葡萄酒的酒精度也很高。

传闻6：雪莉酒是红葡萄酒

这是一个常见的错误。雪莉酒只能用白葡萄品种酿造，所以不可能有红雪莉酒。

传闻7：雪莉酒是没有年份的

大部分雪莉酒是由不同年份的雪莉酒混合而成，只有一个平均年份，但是也有单一年份的雪莉酒。只有在特别好的年份，酒庄才会发布"年份雪莉酒"，非常珍贵。

传闻8：雪莉酒只能在晚餐前饮用

雪莉酒是产品最丰富的葡萄酒之一，无论是作为餐前开胃酒搭配正餐还是餐后酒，都非常合适。

甜型葡萄酒
SWEET

没有强化的甜型葡萄酒，比较经典的有风靡全球的苏玳甜酒，而德国雷司令的名声却不好。虽然甜型葡萄酒的风格多样，品种繁多，但有一些葡萄品种具有独特的风味，比其他品种更适合酿造甜型葡萄酒，比如长相思、麝香葡萄、赛美蓉、雷司令和琼瑶浆，这些品种种植范围广，在全球各地都能看到它们酿造的甜型葡萄酒。甜型葡萄酒含糖量过高，导致发酵提前终止，酒精度一般比较低。甜型葡萄酒也有很多别称，比如"甜食酒"，但我不太喜欢这个名字，因为它听起来好像只适合搭配甜点，但事实并非如此。它有时也被称为"黏稠的葡萄酒"，所以经常简写成"*stickies*"。在英国，甜型葡萄酒也被叫作"布丁酒"。

没有强化的甜型葡萄酒可以分为四种风格：精致、花香馥郁的白葡萄酒；口感丰富，具有蜂蜜味道的白葡萄酒；起泡酒；红葡萄酒。下面介绍一下甜型葡萄酒最常见的酿造方法，都需要使用含糖量高的葡萄品种压榨发酵成为葡萄酒。

晚收（*LATE HARVEST*，简称VT） 葡萄延迟采收后，葡萄藤上的果实能够继续积累糖分。

贵腐菌（*BOTRYTIS*，也被称为"*NOBLE ROT*"） 当"良性菌种"贵腐霉菌侵染葡萄后，随着水分的蒸发，果实皱缩，含糖量增加。

冰酒（ICEWINE，也被称为"EISWEIN"） 冰酒是用葡萄藤上冰冻的葡萄酿造而成。压榨时，葡萄果实中的水分冰冻成固体，含糖量增加。

稻草酒（STRAW WINE） 葡萄采收后，放在垫子（通常由稻草做成）上晾晒，水分蒸发，葡萄中的含糖量增加。

法国

波尔多苏玳产区&巴萨克 苏玳和巴萨克有世界上最著名的甜型葡萄酒。苏玳和巴萨克产区用三种葡萄酿造甜型葡萄酒：长相思、赛美蓉和密斯卡岱。它口感丰富，具有蜂蜜、芒果、橙子和坚果的风味。虽然滴金酒庄是全球最著名的甜型葡萄酒之一，但我也喜欢苏玳的苏特罗酒庄。

阿尔萨斯 在阿尔萨斯产区，雷司令、琼瑶浆和麝香葡萄是最常见的甜型葡萄酒的酿酒品种，但它们也可以用来酿造干型葡萄酒。仔细观察酒标上的名字，如果标有"晚收酒"（VT）或者"逐粒精选贵腐酒"（SGN），那这瓶就是甜型葡萄酒。

卢瓦尔河谷，莱昂丘 这个产区的甜型白葡萄酒，具有蜂蜜、柑橘蜜饯的风味，但很少有人知道，市场潜力被低估。在卢瓦尔河的安茹产区，白诗南酿造的甜型葡萄酒口感精致，邦尼舒、肖姆—卡尔特和莱昂丘是当地最著名的三个子产区。

卢瓦尔河谷，武弗雷 武弗雷位于卢瓦尔河谷的都兰产区，酿造的葡萄酒精致且花香馥郁，有静止酒、起泡酒以及干型、半干型、半甜型、甜型等多种风格的葡萄酒，所以要看清酒标上的名字。武弗雷产区的葡萄酒风格多样，因为有些葡萄果实的含糖量达不到酿造甜型葡萄酒的标准，可以用来酿造其他风格的葡萄。与莱昂丘类似，武弗雷是由卢瓦尔河谷的标志性白葡萄品种白诗南酿造而成的。

法国西南，蒙巴兹雅克　蒙巴兹雅克通常被认为是苏玳和巴萨克甜酒的平价替代产区，这里的甜白葡萄酒具有浓郁的蜂蜜味，由长相思、赛美蓉和密斯卡岱酿造而成。

法国西南，朱朗松　朱朗松位于法国巴斯克边缘一带，这里的葡萄酒被誉为是镶在法国葡萄酒皇冠上的明珠。朱朗松的葡萄酒有两种甜度，一种简称为朱朗松葡萄酒，味道甜美；另一种是朱朗松晚收葡萄酒，甜度更高。一般用小芒森或者大芒森葡萄酿造而成，具有焦糖、接骨木、热带水果和香草的风味。

马迪朗，布鲁蒙维克—毕勒—巴歇汉克　布鲁蒙维克—毕勒—巴歇汉克产区的干型或者甜型白葡萄酒的名字必须要有"布鲁蒙维克"。这些甜型葡萄酒一般是晚收葡萄酒，由本土葡萄品种或者小芒森、小库尔布酿造而成。

汝拉，稻草酒　汝拉是法国最小的葡萄酒产区，位于勃艮第的东部，稻草酒是当地特色的甜型葡萄酒。稻草酒主要由霞多丽、萨瓦涅、普萨酿造而成，有时也使用另一种本土的葡萄品种——特卢梭。稻草酒具有不同的甜度级别，既有半甜型葡萄酒，也有极甜型葡萄酒。

匈牙利

托卡伊（TOKAJI）　托卡伊是匈牙利最著名的葡萄酒，也是全球顶级的甜型葡萄酒之一。托卡伊来自匈牙利的托卡伊产区（Tokaj，托卡伊产区比托卡伊葡萄酒的英文单词少一个"i"），主要由匈牙利本土的葡萄品种富尔明特酿造而成。托卡伊美味而迷人，具有浓郁的焦糖、太妃糖和杏干的风味，但价格也可能非常高。

意大利

托斯卡纳，圣酒 圣酒是一种甜型的稻草酒，主要由棠比内洛和白玛尔维萨这两个白葡萄品种酿造而成。葡萄采收后，铺在草席上或者悬挂在椽子上风干。圣酒在大橡木桶中陈酿后，呈现浓郁的琥珀色，口感丰富，具有坚果、花蜜的风味。

皮埃蒙特，莫斯卡托阿斯蒂 莫斯卡托阿斯蒂，酒体轻盈，含有微气泡，它的酒精度较低，一般为5.5%（酒精的体积分数），非常爽口，适合作为餐后甜酒饮用。莫斯卡托阿斯蒂比阿斯蒂葡萄酒更加优质，但是两者经常被混淆，阿斯蒂的口感更加甜美，气泡更大，更像是起泡酒。

西西里岛，潘泰莱里亚的帕赛托葡萄酒 潘泰莱里亚岛是西西里岛附近的卫星岛，帕赛托是指意大利的风干葡萄。潘泰莱里亚岛距离突尼斯50公里，气候炎热。莫斯卡托酿造的葡萄酒口感油滑，具有蜂蜜的味道。

威尼托，雷乔托甜葡萄酒＆瓦波里切拉里帕索葡萄酒 雷乔托是来自瓦波里切拉产区的甜型红葡萄酒，非常美味。它主要用科维纳、罗蒂内拉和莫利纳拉三种葡萄酿造而成，既有静止酒也有微起泡酒。瓦波里切拉里帕索是用雷乔托的酒渣二次发酵而成的葡萄酒。

德国

雷司令是德国最具代表性的葡萄品种。德国的甜型葡萄酒主要是用雷司令酿造的，而且遵循通用的甜度等级标准，如果酒标上注明 *"Trocken"*，则说明是干型葡萄酒。

晚收葡萄酒（*SPÄTLESE*） *"SPÄTLESE"* 是晚采收的意思，虽然延迟葡萄的采收有一定的风险，但现在非常流行用延迟采收的葡萄酿造干型葡萄酒。无论干型还是甜型，晚收葡萄酒都具有芬芳的花香和甜美的蜂蜜味道。

精选葡萄酒（AUSLESE） "AUSLESE"是精选葡萄酒的意思，酿造用的葡萄果实需要达到一定的含糖量，所以原料主要是晚收的葡萄，其中也有被贵腐菌侵染的葡萄。精选葡萄酒具有紧致的酸度，口感圆润，以及蜂蜜的味道。

逐粒精选葡萄酒（BA）&逐粒枯葡萄精选贵腐酒（TBA） "BA"和"TBA"都是指用贵腐菌侵染的葡萄酿造而成的雷司令葡萄酒，口感纯净，充满活力。"TBA"的甜度比"BA"更高，风味更加浓郁，也更加甜美。

冰酒（EISWEIN/ICEWINE） 冰酒具有非常集中的口感，酸度很高，陈酿潜力强。

奥地利

奥地利甜型葡萄酒的分级和命名受到德国晚收葡萄酒和冰酒分类的影响，但它也有一些本土特色的甜型葡萄酒。这些葡萄酒主要由雷司令酿造而成。

布尔根兰州，稻草酒 顾名思义，这是奥地利的稻草酒。相关条文规定，葡萄至少要在稻草垫子上或者空气干燥的地方晾晒三个月直至完全风干。这些风干葡萄酿造出的甜型葡萄酒具有蜂蜜和咸味的风格。

布尔根兰州，奥斯伯赫甜酒 奥斯伯赫甜酒是用感染贵腐菌的葡萄酿造成的葡萄酒，它具有严格的最低含糖量标准和产地限制。奥斯伯赫甜酒是鲁斯特镇的特色葡萄酒款，并且只有鲁斯特镇这一个产区。

美国、新西兰、澳大利亚和智利

这些国家都可以使用多种葡萄品种酿造甜型葡萄酒。宽松的酿造制度意味着一切皆有可能，所以这些国家的甜型葡萄酒没有产区和葡萄品种的限制，但最受欢迎的那些甜型葡萄酒一般是由赛美蓉、雷司令、莫斯卡托和长相思酿造而成。

南非

在南非，白诗南一般使用稻草酒的方法来酿造甜型葡萄酒。马利诺酒庄和特拉福酒庄是当地出色的酿酒商。

加拿大

冰酒是加拿大的特色酒款，用雷司令酿造的冰酒最精致，威代尔也是酿造冰酒的主要品种。冰酒像芬芳的花蜜，清新自然，风味迷人。

悬挂风干的葡萄果实，用来酿造圣酒

FIZZ

起泡酒

对于爱好者来说，起泡酒的春天已经来了！虽然香槟、卡瓦和普洛塞克是最流行的三种起泡酒，但现在全球的起泡酒都按照严格的标准进行生产，无论是干型还是甜型，是新年份还是老年份，是白色、橙色、桃红色还是红色，是南半球还是北半球酿造的，总有一瓶起泡酒能够满足你的需求。

起泡酒

我们来介绍一下起泡酒中气泡的产生，它是起泡酒中最迷人的成分。

传统法（香槟法）

传统法是成本最高的方法，生产最优质的起泡酒，风味复杂，具有很强的陈酿潜力。传统法的二次发酵在瓶内进行，产生的二氧化碳气体溶解在瓶内的葡萄酒中，形成气泡。二次发酵的重要性不仅产生了气泡，同时也生成了"酒泥"——由死亡的酵母细胞组成的沉淀物。

用传统法生产的起泡酒需要进行酒泥陈酿，时间长短取决于起泡酒的风格和产区。带酒泥陈酿能够赋予起泡酒更多的风味和复杂度，而且具有明显的面包风味，因为酒泥主要是酵母细胞。某些产区规定，只有用传统法酿造的起泡酒才能用该产区专属的起泡酒名字。比如卡瓦和香槟，以及意大利的弗朗齐亚柯达、法国的克莱蒙、南非的开普传统法起泡酒。虽然大部分英国起泡酒是用传统法酿造的，但这并不是必需的。

转移法

转移法适用于生产大批量或者大瓶装的起泡酒。但是，葡萄酒也需要在瓶内进行二次发酵。二次发酵结束后，葡萄酒转移到一个大罐内进行过滤，然后再次装瓶，但是在转移的过程中气泡有消散的风险。

罐式法（查玛法）

罐式法适用于芳香型品种和新鲜饮用的起泡酒，所以用芳香型品种格雷拉酿造的普罗塞克起泡酒就采用了罐式法。它在大罐中进行二次发酵，然后在加压的条件下将起泡酒转移到酒瓶中。

二氧化碳注入法

这种方法适用于即时饮用的起泡酒。它是在静止葡萄酒中注入二氧化碳，有点像使用苏打水生产机时的操作方法。

葡萄品种

任何葡萄品种都可以用来酿造起泡酒。从产区特有的不知名品种到黑皮诺、霞多丽等国际品种，酿酒商有丰富的选择，但黑皮诺和霞多丽通常被认为是品质最高的、用来酿造顶级起泡酒的葡萄品种。很多顶级的起泡酒都是用冷凉产区的葡萄酿造而成，这里出产的葡萄天然高酸，能够与后期加入的糖分达到完美平衡。

【 风格&产区&风味 】

无年份干型起泡酒（*BRUT NV*）

这是最常见的起泡酒风格。"*Brut*"是指干型起泡酒，"*NV*"是指没有年份或者不是来自一个特定的年份。有些酿酒师喜欢用多个年份混酿，在酒标上标记为"*MV*"。为了酿造这种风格的酒，酒庄会专门储存一些老年份的起泡酒，用于混合调配。将不同年份的起泡酒混合调配是非常重要的酿造工艺，它可以确保起泡酒的风味不受年份的影响，这也是消费者心中所默认的，同一款起泡酒，无论哪个年份都具有完全一样的风味。

桃红起泡酒

起泡酒和桃红葡萄酒都是现在非常流行的风格，所以强强联手后的桃红起泡酒销量不断增长。关于桃红葡萄酒的内容参见144~151页。

绝干型起泡酒，无糖添加

这是一种含糖量很低的干型起泡酒，现在非常流行。起泡酒的甜度是由生产过程中添加的补液决定的。如果补液中不含糖分，最终生成的就是绝干型起泡酒，它的口感不受甜度影响，所以具有最纯粹自然的风味。

白中白起泡酒

这是一种只用白葡萄品种酿造的起泡酒，一般使用霞多丽，它也是香槟中最主要的白葡萄品种。大部分产区把单一品种霞多丽酿成的起泡酒称为白中白起泡酒，它口感清新爽脆，是非常优雅的开胃酒，也具有很强的陈酿潜力。

黑中白起泡酒

这是一种只用红葡萄品种酿造的起泡酒，一般使用黑皮诺或者莫尼耶皮诺，有时会用这两个品种进行混酿，最经典的一款葡萄酒就是黑中白香槟。黑中白的口感比白中白更加饱满，而且具有红色水果的风味。

年份起泡酒

年份起泡酒是来自单一年份的起泡酒。虽然年份香槟比无年份香槟的价格高，但是它绝对物超所值，具有很高的性价比。在香槟产区，只有被认为是绝佳的年份才会发布年份香槟。年份起泡酒在新兴的起泡酒产区很常见，因为酒窖里没有很多老年份的酒来混合调配无年份起泡酒。

顶级特酿起泡酒

顶级特酿起泡酒具有奶油般的质感，价格昂贵。路易王妃水晶香槟、美丽时光、泰亭哲、堡林爵R.D.、丘吉尔爵士、库克香槟、唐培里侬都是非常经典的顶级特酿香槟。

法国的香槟起泡酒

对于很多人来说，香槟才是最经典的起泡酒。香槟来自法国东北部的香槟产区，受产地保护的限制，在香槟区以外生产的葡萄酒只能叫作"起泡酒"。任何葡萄品种以及年份的香槟，都具有优雅复杂的特点，清新的果香中带有烘焙的风味，丰富而有层次。香槟是由传统法酿造而成的，主要使用三种葡萄品种：黑皮诺、莫尼耶皮诺（这两种都是红葡萄品种）和霞多丽（白葡萄品种）。香槟是非常美味的配餐酒，让你优雅愉悦地享受美食。

法国的克莱蒙起泡酒

克莱蒙是指在香槟区以外使用传统法酿造的法国起泡酒，它具有非常高的性价比。法国的很多产区都生产克莱蒙起泡酒，他们使用当地特色的葡萄品种，经过世代相传，技艺和品质都更加卓越。随着消费者对起泡酒需求的增加，价格亲民的克莱蒙起泡酒成为商超货架上常见的一款起泡酒。

意大利的普罗塞克起泡酒

普罗赛克是意大利东北部的一个产区。它是用格雷拉葡萄通过罐式法酿造的起泡酒，果香新鲜，清新爽口，风靡全球。

意大利的弗朗齐亚柯达起泡酒

弗朗齐亚柯达起泡酒十分优雅，具有烘焙风味，相当于意大利的"香槟"。弗朗齐亚柯达既是产区名也是葡萄酒的名字。它的产区在伦巴第，主要用霞多丽和黑皮诺进行酿造，有时也会用到白皮诺。"Satèn"是顶级的弗朗齐亚柯达起泡酒，它口感如丝绸般顺滑，与其他起泡酒相比，它的瓶内气压更低。贝鲁奇酒庄和维斯塔酒庄是当地最出色的弗朗齐亚柯达酿酒商。

南非的传统酿造法起泡酒

它是南非的精品起泡酒，简称为"MCC"。MCC口感丰富，通常是由长相思、白诗南、霞多丽或者黑皮诺通过传统法酿造而成的起泡酒。这种起泡酒的品质在不断提高，尤其是南非的格雷厄姆·贝克酒庄和维利纳酒庄，品质惊艳。

澳大利亚的设拉子起泡酒

澳大利亚的设拉子起泡酒一般在圣诞节的时候饮用，搭配餐桌上丰盛的美食（或者烧烤）。设拉子典型的黑色水果风味和黑胡椒风味中带有爽口的气泡，与美食搭配相得益彰。澳大利亚沙普酒庄、彼德利蒙酒庄和杰卡斯酒庄的设拉子起泡酒，美味多汁。

澳大利亚的塔斯马尼亚产区

塔斯马尼亚是澳大利亚著名的精品起泡酒产区，那里气候凉爽，酿造出的起泡酒清新爽脆。霞多丽和黑皮诺是主要的酿酒品种。当地的简斯酒庄酿造的起泡酒，具有非常高的性价比。

英国

霞多丽和黑皮诺是酿造起泡酒最主要的两个葡萄品种，而英国的风土条件非常适合它们生长，所以在过去的十年里，英国起泡酒的销量增长迅猛，出现了很多新的酒庄和品牌。英国起泡酒具有典型的苹果风味。尼丁博酒庄和瑞之威酒庄是当地的先锋酒庄，威斯顿酒庄以及科茨希利酒庄也有令人惊艳的起泡酒。

美国加利福尼亚

加利福尼亚现在也开始酿造精品起泡酒，而且有很多香槟公司在这里投资建厂。加利福尼亚起泡酒具有烤面包和黄油的风味，主要酿酒品种是黑皮诺和霞多丽。

🍴 巴西

巴西的起泡酒不是新兴的葡萄酒风格。2015年是巴西起泡酒生产的100周年。像加利福尼亚起泡酒一样，它很少出口，但是品质在不断提升。这里的起泡酒主要来自高乔山谷——巴西最南端也是最重要的葡萄酒产区。

法国兰斯产区，泰亭哲酒窖的人字形酒架

THE BAR

葡萄酒知识吧

本章介绍了如何拥有更好的饮酒体验，以及一些关于葡萄酒的日常小技巧——比如如何轻松地打开一瓶起泡酒同时让瓶塞飞出去，为什么葡萄酒专业人士拿杯子的时候会握住杯梗，还有不同葡萄酒的最佳适饮温度。这一章的内容可以帮助你更好地了解葡萄酒。

温度
TEMPERATURE

侍酒

低温对葡萄酒的影响很大，会限制香气的释放，减轻酒精感和甜度，使口感更加新鲜，单宁更加明显。每款酒的最佳侍酒温度受个人风味喜好的影响，因人而异，但其中也有一些小技巧。

以前常说的"白葡萄酒需要提前冰镇，红葡萄酒需要在室温下饮用"，其实有一定的误导性，因为"室温"这个概念是在集中供暖之前提出的，当时的室内温度要比现在低很多。更多关于冰镇红葡萄酒的技巧，参见32~33页。

与新年份或者简单易饮的葡萄酒风格相比，一般风味复杂或者老年份葡萄酒的侍酒温度稍高一点，增加的温度能够加快氧气与葡萄酒中风味物质的接触，让它的香气和风味更好地释放出来。

当你提供的是一款非常便宜的葡萄酒，或者在晚餐时客人带了一瓶葡萄酒，但是品质不高（不用觉得尴尬，我们都遇到过类似的情形），最好的方法就是冰镇一下，弱化葡萄酒的风味。

但如果你不能确定一款酒的最佳适饮温度，最好冰镇一下，因为葡萄酒升温容易，但是降温却很慢。

虽然最佳适饮温度是由个人喜好决定的，但是有些人还是想要一些建议，我整理了一些关于侍酒温度的小技巧，参见183页。请记住：这些技巧和建议都不是绝对的，肯定有需要调整的情况。虽然并不是每个人会用温度计来测量侍酒温度是否合理，但你可以记录下来作为参考。

葡萄酒的储存

在不同的存储环境下，葡萄酒保存的时间不同。如果你的葡萄酒价格昂贵，想要尽可能存放更长的时间，千万不要放在炉子、车库、光照充足或者紫外线强烈的地方，当然，你也千万不要买商店柜台后布满灰尘的葡萄酒。上述的情况都会因为储存环境的变动加速葡萄酒的老化。还有一点，与棕色或者绿色的玻璃相比，透明的玻璃会透过更多的紫外线，因此会加速葡萄酒的老化。

理想的储存环境

- 凉爽，阴暗的地方
- 恒温
- 湿度为50%~60%，防止木塞太干（如果葡萄酒瓶有木塞）
- 酒瓶需要平放，防止木塞太干

葡萄酒柜&恒温酒柜

葡萄酒柜一般也被称作"冰箱"，对于一般的家庭而言，没有专业的酒窖，恒温酒柜是最好的储存地点。恒温酒柜是专为储存葡萄酒设计的（不同于普通的冰箱），它们为葡萄酒提供合适的储存条件，而且有不同的形状和大小，你可以根据需要选择不同的款式。利勃海尔、尤勒凯夫和客浦是三个最有名的恒温酒柜品牌。

葡萄酒侍酒温度

葡萄酒类型	温度
起泡酒	5~8℃
芳香型、简单易饮、轻盈的白葡萄酒	8℃
白葡萄酒	10℃
口感浓郁、陈酿的白葡萄或者橙酒	12℃
桃红葡萄酒	8~10℃
芳香型、简单易饮、轻盈的红葡萄酒	12℃
红葡萄酒	14℃
口感浓郁、陈酿的红葡萄酒	16℃
轻盈、花香馥郁的甜型葡萄酒	8℃
口感浓郁、蜂蜜味的甜型葡萄酒	11℃
加强型葡萄酒	适饮温度随陈酿时间和甜度而变化

酒具
WINE PROPS

开瓶

瓶帽 除去瓶帽的操作很简单。如果你很着急，大部分开瓶器都有尖锐的旋口可以划开瓶帽，露出里面的软木塞，但瓶帽会留下难看的毛边。最常见的工具是酒帽切割刀，类似马蹄形，使用非常广泛。去除酒帽时，先把切割刀放在瓶口上，然后来回划两刀，可以将塑封帽整齐漂亮地切割下来。但有些酒帽切割刀只除掉了瓶口上端的塑封帽，瓶颈处还留有瓶帽。在侍酒服务时，一般使用海马刀上折叠的小刀在瓶口下沿划开酒帽。

取出瓶塞 现在市场上有各种各样的开瓶器，你可以根据喜好、价格和功能进行选择。其中，杠杆式开瓶器和折叠式的侍酒师之友是最受欢迎的两种酒刀。

杠杆式开瓶器流行而且快捷，但是太占空间。这种开瓶器利用杠杆原理，扣住酒瓶的顶端后可以很轻松地把瓶塞拔出来。然后反向旋转开瓶器，将瓶塞取下来。杠杆开瓶器适合开天然橡木塞，如果是开橡胶塞，可能会遇到一些问题。

侍酒师之友的开瓶器价格便宜，而且很容易买到。它是可折叠的开瓶器，正如名字中所代表的含义，主要是餐厅和葡萄酒行业的人士在使用。它不仅坚实耐用，而且非常省力。另外，它上面的小刀可以用来划开铝箔和酒瓶上的瓶帽。

老酒开瓶器 老酒开瓶器类似于叉子，用来取出那些在开瓶过程中断掉的塞子。虽然它有一些特殊的用途，但并不是必需品，除非你收藏了很多老年份的葡萄酒。

起泡酒的开瓶方法

如果开瓶前，起泡酒的温度不够低或者受到过剧烈的震动，那么开瓶时就会造成泡沫四溅的混乱场面。为了能够优雅平静地打开起泡酒，首先要除去锡箔瓶帽——通常锡箔纸上有一个小标签可以方便操作——拧松瓶塞外面的金属丝，用右手按住瓶塞顶部，左手握住瓶底，然后两只手缓缓地向反方向转动直到酒塞松动。虽然刚开始操作会有点别扭，但是多练习几次就可以顺畅流利地开瓶了。

侍酒之前的准备

醒酒 像开瓶器一样，醒酒器也具有多种形状、大小和品牌，虽然有很多醒酒器非常精美，但大部分还是作为醒酒工具而非工艺品。醒酒器的挑选是没有对错之分的，如果你有特别的需求，可以从玻璃器皿专卖店购买并咨询建议。

风味复杂的葡萄酒都适合醒酒，无论是起泡酒、白葡萄酒、红葡萄酒、甜型葡萄酒还是加强型葡萄酒，因为在醒酒的过程中，葡萄酒暴露在空气中与氧气接触，有利于释放葡萄酒的香气。简单易饮的葡萄酒风味物质含量少，所以醒酒不能帮助它提升口感和香气。

如果你想通过醒酒去除沉淀物——可以先排除白葡萄酒和起泡酒——最好的方法是在醒酒器顶端放一块棉布，然后将葡萄酒通过棉布过滤到醒酒器中。

如果找不到棉布，也可以用其他的替代物。我一般会使用茶叶过滤器，比较薄的弹力裤或者丝袜也可以用作醒酒的过滤网。

虽然醒酒的时间并没绝对的标准，但是会受葡萄酒适饮温度的影响。对于老年份的葡萄酒（酒体非常脆弱，比如50年的勃艮第红葡萄酒），倒入醒酒器后就可以侍酒饮用，千万不要在醒酒器里放1个多小时。老年份的葡萄酒口感和风味非常精细，如果在醒酒器里放置时间过长，它的香气和味道会很快消散，所以一定要小心处理。

醒酒器的清洗 醒酒器的边角和缝隙处很难清洗、干燥，但是可以借助一些小的工具，比如专业的玻璃刷、清洁剂和金属清洁珠。

我非常推荐晶体干燥剂，比如二氧化硅，它放在无纺布包装袋里，像一条布制的蛇大口地吸收醒酒器中的水分。另外，在每次使用之前，可以先倒一点水或者葡萄酒冲洗一下醒酒器，然后倒掉，也能去除内部不洁的杂质。

开瓶的葡萄酒

对于开瓶后的葡萄酒，也有很多储存方法防止葡萄酒氧化。最简单的方法就是将瓶塞重新塞入瓶口，然后放到冰箱冷藏保存。这种储存方法虽然有效且实惠，但是效果非常有限。更加科学的方法是向瓶中注入氩气（类似于发胶喷雾瓶的罐子）。这是一种无味的惰性气体，密度比空气大，注入葡萄酒表面后，可以防止葡萄酒被氧化。

还有一种卡拉文取酒器，已经存在很多年了。这种设备还在研究改善，非常适合从老年份或者非常珍贵的葡萄酒中取样，而且不会造成浪费。将一根针管穿透软木塞从瓶中取出葡萄酒，当插入针管时，瓶内会注入氩气，葡萄酒在压力的作用下进入针里，然后将针里的葡萄酒放到酒杯中。

葡萄酒杯
GLASSWARE

如果说从一个人喝的葡萄酒中可以看出他/她的品位，那么葡萄酒杯也是可以的。葡萄酒杯有各种形状、大小、颜色和价格，虽然大多数高级的葡萄酒杯都是透明的，但也有黑色的酒杯。很多人将葡萄酒杯称为"高脚杯"。

如果你想了解葡萄酒，即使是初学者，我也会建议你先准备一个高级的葡萄酒杯，因为酒杯会影响你的品尝体验——也就是你对葡萄酒风味的感知——一个好的葡萄酒杯能够带给你更加愉悦的享受。对我而言，挑选葡萄酒是一件很轻松的事情，我有自己最喜欢的品牌，当然也有一张黑名单。

我的最爱

很多年前，我发现了一款非常轻的葡萄酒杯，它可以用洗碗机清洗，而且厂商也建议用洗碗机进行清洗。如此方便，令人难以置信。这是扎尔图生产的一种通用酒杯，非常适合像我这种日常需要进行专业品鉴的人。它是含钛水晶杯，非常坚实，第一次看到它摔到地上时，我吓坏了，但它没有摔碎。太神奇了！

✖ 含铅水晶杯&含钛水晶杯

葡萄酒杯的厂商现在已经开始生产含钛水晶杯，用来取代含铅水晶杯。与氧化铅相比，用氧化钛制成的葡萄酒杯不容易脏，也不容易有刮痕，非常坚实。

在使用葡萄酒杯前

无论是手洗还是洗碗机洗过的玻璃杯，在使用前，最好用水或者葡萄酒浸润一下。这可以去除清洁产品的残留物，因为这些残留物不仅会影响葡萄酒的口感和香气，还会影响起泡酒中的气泡。

黑名单

我非常喜欢复古、炫酷的小玩意，但是绝对不包括令人讨厌的巴黎高脚杯，虽然有点矫情，可是这种玻璃杯实在太糟糕了。它曾经是小酒馆和公共场所的必备葡萄酒杯，但现在已经逐渐被淘汰了。巴黎高脚杯不仅难看，而且不实用（摇动酒杯时，葡萄酒很容易溅出来），只能盛少量的葡萄酒。

形状&大小

如果你对美观的需求高于实用性，那么这部分内容可能不适合你。一些酒杯生产商针对不同葡萄品种和风格设计了不同款式的酒杯，如果你想要能够展现出葡萄酒风味特色的酒杯，可以研究一下这些产品。克劳斯·醴铎先生就是这个创新想法的开拓者，他在50年前开始生产不同葡萄品种和风格的酒杯，直到今天，醴铎系列产品仍然风靡全球。如果你有足够的预算和置物空间，至少需要为起泡酒、白葡萄酒、红葡萄酒和加强型葡萄酒准备专用的杯型。

红葡萄酒　红葡萄酒杯一般具有较大的杯肚，可以更好地展现葡萄酒的香气和风味，与醒酒器有相同的原理（参见185~186页）。

白葡萄酒　与红葡萄酒杯相比，白葡萄酒杯的杯口更窄，能够保留酒体清新自然的果香。

起泡酒　传统的起泡酒杯是瘦高的，可以充分展示从杯底升起的活力气泡，但现在流行的笛型酒杯已经变宽了。

加强型葡萄酒　对于加强型葡萄酒来说，酒杯越小越好，能够突出果香而不是酒精的风味。小号的白葡萄酒杯也可以充当加强型葡萄酒杯。

葡萄酒杯的流行趋势

虽然听起来有点不可思议，但是就像葡萄酒有流行趋势一样，葡萄酒杯也是如此。

香槟&起泡酒　香槟和其他高品质的起泡酒，开始流行使用大口径的酒杯，而不是经典的长笛型酒杯。虽然窄口的长笛型能够展现出优美的气泡线，但没有凸显出葡萄酒复杂而有层次的风味特点。杯口如果再大一点，可以更好地享受葡萄酒的香气和风味，所以需要更大的杯肚。许多酒吧和餐厅使用它们的改良版。与普通的葡萄酒杯相比，起泡酒杯更加细长，但是杯肚更大，可以更好地展现葡萄酒复杂的风味。

无柄酒杯　我已经听到你的惊讶声了。是的，一些餐酒吧和现代化的餐厅已经开始用无柄酒杯来提供静止葡萄酒了。我很喜欢这种"叛逆"的侍酒方式，因为它避免了喝酒时虚伪做作的行为。但是无柄酒杯也有一个缺点，你不能通过摇杯来释放葡萄酒中层次丰富的香气。

酒杯对葡萄酒的影响

以前，我一直不相信这些实验：把同一款葡萄酒放在不同的玻璃杯中进行品鉴，会得到结论——形状和酒杯的材质会影响葡萄酒的风味。于是我在厨房里做了类似的实验，亲身品鉴了在不同容器中的同一款葡萄酒，风味确实有明显的差异。

实验设计

我选用了由50%霞多丽、25%黑皮诺和25%莫尼耶皮诺酿造而成的一级园香槟葡萄酒做实验，然后用7个不同的酒杯进行品鉴。特别选用起泡酒做实验，是为了研究酒杯对葡萄酒中气泡的影响。为了排除其他因素的干扰，实验前，每一个酒杯都用香槟酒浸润过。我根据香槟在不同酒杯中的风味表现，按照从高到低的顺序，依次介绍每一个杯型对葡萄酒的影响，以供参考。

1.香槟杯

毫无疑问，香槟杯的表现是最好的。这种香槟杯是现代风格的，与瘦高的长笛杯相比杯肚更大，用这种杯型品鉴香槟起泡酒，口感最佳。这款起泡酒香气浓郁，具有明显的柠檬芝士蛋糕（柠檬、饼干）的风味，入口后，气泡绵密而有活力。

2.（郁金香形状的）雪莉酒杯

它的形状与长笛杯最为相似，虽然香气表现不如香槟杯中的馥郁芬芳，但是其特质仍然非常明显，而且具有丰富的饼干味道。入口后，风味浓郁，具有烤面包、饼干的味道；气泡清晰分明，不是泛起的泡沫。

3.马克杯

马克杯的表现居然排到了第三位？我自己也非常惊讶。马克杯中的起泡酒具有甜美的烤面包的香气，气泡粗大、稀疏但是充满活力，口感丰富。

4.大号的红酒杯

香槟酒在红酒杯中香气寡淡，用力细闻，有一点烤面包的风味。红酒杯口对气泡的影响与无柄酒杯相同，气泡非常大，入口后失去了应有的清爽活力。

5.无柄酒杯

香槟酒在无柄酒杯中几乎闻不到任何香气。无柄酒杯的杯口很大，入口后能够感觉到明显的气泡，还有一些柠檬的风味。

6.儿童的塑料杯

香槟在塑料杯中，完全闻不到香气，哪怕一丝香气都没有。气泡充满活力，没有形成泡沫，入口后，还有令人不悦的金属风味。不推荐使用。

7.一次性的白色塑料杯

对于这种杯型，就不过多评价了。杯中的香槟酒闻不到任何香气，气泡很快消散而且口感寡淡。

葡萄酒的类型 & 配餐
红葡萄酒 & 桃红葡萄酒

红葡萄酒

酒体轻盈	多姿桃、巴贝拉	樱桃·香料	熟食
	品丽珠	大黄·草本植物的风味	鱼
	黑皮诺、佳美	覆盆子·草莓	羊肉 意大利面 比萨

酒体中等	西拉/设拉子	黑胡椒·黑莓	
	梅洛	李子·甜菜根	牛肉
	桑娇维塞	樱桃·覆盆子·蘑菇	腊肉
	佳美娜	巧克力·香料	野味
	蓝佛朗克	樱桃·甜菜根	羊肉
	歌海娜	李子·蓝莓	辛辣的食物
	蒙特布查诺	樱桃·红茶	

酒体饱满	赤霞珠	黑莓·薄荷	
	丹魄	肉的味道·皮革	
	内比奥罗	黑胡椒·樱桃·蘑菇	
	马尔贝克	黑莓·烟熏味	牛肉
	金粉黛	巧克力·甘草	野味
	皮诺塔吉	烟熏味·咖啡味	蘑菇
	国产多瑞加	黑莓·水果蛋糕	
	丹娜	橡木味·香料	

无论你是否了解自己喜欢的葡萄品种、风味以及美食，在生活当中总有一些时刻我们需要专业的建议，下面我来介绍一些常见的餐酒搭配。

桃红葡萄酒

酒体轻盈	黑皮诺	草莓·覆盆子	芝士
	品丽珠	樱桃·草本植物的风味	鱼
	梅洛	蔓越莓·草莓	沙拉
	歌海娜	草莓·石榴	蔬菜
酒体中等	西拉/设拉子	樱桃·香料	烧烤
	赤霞珠	覆盆子·黑胡椒	鱼
	歌海娜（法国以外产区）	草莓·奶油	野餐
	国产多瑞加	石榴·葡萄柚	辛辣的食物
	黑曼罗	樱桃·香料	
	马尔贝克	石榴·草莓	
半干型	白金粉黛	草莓·奶油	开胃酒
	白梅洛	草莓·奶油	甜点

白葡萄酒

芳香型

意大利风格灰皮诺	梨·接骨木花	
阿尔巴利诺	花香·咸味·爽脆	
干型的莫斯卡托	葡萄味	鱼 沙拉 辛辣的食物 蔬菜
干型（新鲜）雷司令	酸橙·姜	
琼瑶浆	玫瑰花瓣·姜	
特浓情	玫瑰花瓣·柠檬皮	

酒体饱满

过桶的霞多丽	黄油·蜂蜜·蘑菇	猪肉 家禽 蘑菇
过桶的白诗南	蜡·奶油·蘑菇	
过桶的维奥娜	烟熏味·香草·蘑菇	

中等酒体

长相思	草本植物·百香果	蔬菜类
未过桶的霞多丽	蜜瓜·苹果	鱼
绿威林	草本植物·柠檬	野餐 辛辣的食物

维欧尼	桃子·杏子	
未过桶的白诗南	坚果·葡萄柚	
赛美蓉	苹果·坚果	鸡肉
格德约	桃子	猪肉 家禽类
灰皮诺	蜡·橙子	辛辣的食物
老年份的雷司令	坚果·蜡	

加强型葡萄酒、甜型葡萄酒 & 起泡酒

加强型葡萄酒

新年份的雪莉酒&新年份的马德拉	咸味·柠檬	野味
老年份的雪莉酒&老年份的马德拉	焦糖·坚果	辛辣的食物 西班牙的塔帕斯小食

佩德罗-希梅内斯雪莉酒	甘草·李子	
红波特酒	水果蛋糕·无花果	
茶色波特酒	水果干·太妃糖	开胃酒
白波特酒	柑橘类水果·草本植物	巧克力
马沙拉葡萄酒	无花果·坚果	甜点
路斯格兰麝香加强酒	李子·皮革	

甜型葡萄酒

莫斯卡托阿斯蒂	花香·葡萄味	开胃酒
武弗雷逐串精选葡萄酒	蜂蜜·桃子	辛辣的食物
阿尔萨斯晚收酒（*VT*）	蜂蜜	
苏玳、蒙巴兹雅克、		
逐粒精选贵腐酒（*SGN*）、冰酒	蜂蜜·芒果	芝士
逐粒精选葡萄酒（*BA*）、		甜点
逐粒精选贵腐酒（*TBA*）	蜂蜜·桃子	
托卡伊&意大利圣酒	焦糖·橙子·坚果	
稻草酒	坚果·咸味	

起泡酒

香槟酒	烤面包·柑橘类水果	芝士
弗朗齐亚柯达、克莱蒙、		油炸类食物
南非传统法起泡酒、卡瓦	奶油·坚果	家禽
英国起泡酒	苹果·坚果	
普罗塞克	花香·梨	开胃酒 鱼 沙拉
西拉/设拉子	黑莓·黑胡椒	牛肉
布拉凯多起泡酒	樱桃·覆盆子	巧克力

聚会用酒

你可能对一些个性小众的葡萄酒情有独钟，但如果在聚会上用来招待朋友，小众酒会有很大的风险。最理想的聚会用酒是经典的葡萄酒款，大家一起欢快畅饮，而不是美酒无人问津，聚会后还留下很多残酒需要收拾处理。的确，经典的葡萄酒是满足大众口味的最佳选择，尤其是那些风味突出的葡萄酒，它们仿佛在大声地告诉所有人"我在这里"。那些风格浓郁而非寡淡的葡萄酒可以搭配多种美食。

是否应该准备起泡酒

有些人觉得起泡酒是聚会必需的，有些人即使对起泡酒没有特殊感情，也会选择起泡酒来庆祝欢聚的时刻。每个人都喜欢起泡酒！香槟是最奢侈的起泡酒，如果预算足够，没有人会拒绝它。虽然普罗塞克能够节省预算，克莱蒙具有更高的价值，很多人以为它是香槟。它的酿造工艺与香槟相同，属于同一风格的起泡酒，但是价格可能只有香槟的一半甚至更少。

如何挑选白葡萄酒

长相思是最有辨识度的葡萄酒款之一。它香气丰富，具有刚切割的青草香、绿叶蔬菜以及柠檬和热带水果的风味。最重要的是长相思的风味受到很多人的喜欢，知名度高，还可以搭配各种美食。而且，它具有很高的性价比。

如何挑选桃红葡萄酒

干型桃红葡萄酒是非常好的选择。它风格多样，适合搭配多种美食，而且颜色迷人，如果你喜欢颜色浓郁的桃红葡萄酒，可以在新世界葡萄酒国家或者西班牙、葡萄牙的桃红葡萄酒中进行挑选，也可以选择西拉/设拉子、赤霞珠酿造的桃红葡萄酒。

如何挑选红葡萄酒

博若莱葡萄酒

新鲜的博若莱葡萄酒充满多汁的红色水果风味，活力满满，可以搭配各种美食。如果你想要口感丰富的博若莱葡萄酒来搭配红肉或者预算充足，可以选择马贡等博若莱特级园；如果你想要便宜但美味讨喜的葡萄酒，可以选择低一等级的博若莱村庄级葡萄酒。

西拉/设拉子

很难找到一款像西拉/设拉子这样浓郁强劲的红葡萄酒。它不仅具有高性价比，而且风味浓郁，尤其是夏天，非常适合搭配户外烧烤。

是否需要其他风格的酒款

桃红波特鸡尾酒（夏日鸡尾酒）

桃红波特可以作为基酒，用来调配清爽的夏日鸡尾酒。先加入桃红波特作为基酒，然后加入接骨木果汁、汤力水和冰块，最后用1/4的草莓作为装饰。清新爽口的夏日冷饮就做好了。

帕罗卡特多雪莉热红酒（冬日鸡尾酒）

我一直认为热红酒是一种美味的冬季热饮。将一瓶干型的帕罗卡特多倒入平底锅中，小火加热。加入40毫升的姜汁利口酒、4颗无花果干、3朵丁香花、4汤匙蜂蜜、1个橙子的果皮、1小块肉桂和1颗磨碎的豆蔻。小火加热，快要煮沸前停火，过滤后即可饮用。

参考资料 ——————————————————— 【 RESOURCES 】

书籍

Niki Segnit. **The Flavour Thesaurus**
(Bloomsbury, 2010)
*Jancis Robinson, Julia Harding
and José Vouillamoz.* **Wine Grapes**
(Allen Lane, 2012)
*Hugh Johnson and Jancis
Robinson.* **The World Atlas of Wine**
(Mitchell Beazley, 2013)
*Tom Stevenson and Essi
Avellan.* **World Encyclopedia of
Champagne & Sparkling Wine**
(Absolute Press, 2013)
*Jancis Robinson.***The Oxford
Companion to Wine** *(Oxford
University Press, 2006)*

网站

Liv-ex
如果你对葡萄酒投资感兴趣，可以看
看这个网站，上面有很多非常有价值
的信息。

Vinography
资讯丰富且非常实用的北美博客网站。

The Wine Gang
可以了解在英国售卖的葡萄酒。

Wine-Searcher和The Wine Web
可以查询葡萄酒的销售地点。

杂志

Decanter
一个英国葡萄酒杂志的网站，为消费
者提供葡萄酒知识、资讯和地区新闻。

World of Fine Wine
一个英国葡萄酒杂志的网站，提供一
些有深度、有见地的葡萄酒文章。

Wine Enthusiast
一个美国葡萄酒杂志的网站，提供一
些评论、新闻和美食菜谱。

零售商

Berry Bros. & Rudd
一个非常有名的英国酒商，它的网站
上有很多资讯。

Euro Cave
一个提供一站式服务的英国商店，售
卖玻璃杯、醒酒器、酒柜和各种葡萄
酒酒具。

The Wine Society
一个非常有名的英国酒商，它的网站
上有很多资讯。

图片来源 ——————————————————————— 【 PICTURE CREDITS 】

本书图片由托比·斯科特（*Toby Scott*）拍摄，以下图片除外：

25页 *Per Karlsson, BKWine 2/Alamy* 图片库；

31页 *Vittoria/Alamy* 图片库；

40页 *Pakin Songmor/Getty* 提供图片；

41页 *John Harper/Getty* 提供图片；

47页 *Ivoha/Alamy* 图片库；

52页 *Ernesto Gravelpond/Alamy* 图片库；

63页 *Chantal Seigneurgens/Getty* 提供图片；

75页 *Stephen Hughes/Alamy* 图片库；

103页 *Chris Mellor/Alamy* 图片库；

109页 *Photobyte/Alamy* 图片库；

115页 *Julian Eales/Alamy* 图片库；

121页 *Garden Photo World/ Georgianna Lane/Getty* 提供图片；

127页 *Ariane Lohmar/Getty* 提供图片；

133页 *Ian Shaw/Alamy* 图片库；

137页 *Chris Brignell/Alamy* 图片库；

151页 *Paul Atkinson/Getty* 提供图片；

169页 *Bon Appetit/Alamy* 图片库；

177页 *John Kellerman/Alamy* 图片库。

致谢 ———————————————————— 【 ACKNOWLEDGMENTS 】

谨向为我提供帮助的所有人致以最诚挚的谢意（很遗憾，有些人并还不知道他们对本书的贡献）：

感谢我的爸爸和妈妈；

感谢Jane Carr, Johnny Ray, Anne Kibel, Amelia，Matthew Jukes, Elizabeth Ferguson, Will Drew, Jancis Robinson, Michael Cox, Fiona Beckett, Charlotte Hey, Mary Rochester Gearing, Helen Chesshire, Hannah Tovey, Chris, Anne and Philip Parkinson, Astrid Lewis, Simon McMurtrie, Graham Holter, Patrick Schmitt, Patrick Sandeman, Andy Clarke, Bruno Cernecca, Hugh Johnson, Charles Metcalfe, Janan Ganesh, Anne Scott, Robert Joseph, Gary Simons, Stefan Chomka, Ewan Lacey, Kathrin Leaver, Amy Grier, James Winter, Lisa Smosarski, Steve Grimley, Gary Werner；

感谢The Wine Gang的其他人，包括Tom Cannavan, Joanna Simon, Anthony Rose和David Williams；

感谢Ryland Peters & Small的所有人，包括 Manisha Patel，Stephanie Milner；

最后，感谢我的大学导师，为我指导了葡萄酒的论文选题。